U0151262

广西优秀传统文化
出版工程

"自然广西"丛书

碧海银沙

廖 馨 梁思奇 著

微信 / 抖音扫码

广西科学技术出版社

·南宁·

图书在版编目（CIP）数据

碧海银沙 / 廖馨，梁思奇著 .—南宁：广西科学技术出版社，2023.9
（"自然广西"丛书）
ISBN 978-7-5551-1990-6

Ⅰ . ①碧… Ⅱ . ①廖… ②梁…Ⅲ . ①北部湾 – 海洋 – 文化研究 ②南海诸岛 – 史料
Ⅳ . ① P722.7 ② K296.6

中国国家版本馆 CIP 数据核字（2023）第 174053 号

BIHAI YINSHA

碧海银沙

廖　馨　梁思奇　著

出 版 人：梁　志	**装帧设计**：韦娇林　陈　凌	
项目统筹：罗煜涛	**美术编辑**：韦娇林	
项目协调：何杏华	**责任校对**：吴书丽	
责任编辑：苓　媛　苏深灿	**责任印制**：陆　弟	

出版发行：广西科学技术出版社
社　　　址：广西南宁市东葛路 66 号
邮政编码：530023
网　　　址：http：//www.gxkjs.com
印　　　制：广西壮族自治区地质印刷厂

开　　　本：889 mm×1240 mm　1/32
印　　　张：6.5
字　　　数：140 千字
版　　　次：2023 年 9 月第 1 版
印　　　次：2023 年 9 月第 1 次印刷
书　　　号：ISBN 978-7-5551-1990-6
定　　　价：38.00 元

总序

　　江河奔腾，青山叠翠，自然生态系统是万物赖以生存的家园。走向生态文明新时代，建设美丽中国，是实现中华民族伟大复兴中国梦的重要内容。

　　进入新时代，生态文明建设在党和国家事业发展全局中具有重要地位。党的二十大报告提出"推动绿色发展，促进人与自然和谐共生"。2023 年 7 月，习近平总书记在全国生态环境保护大会上发表重要讲话，强调"把建设美丽中国摆在强国建设、民族复兴的突出位置"，"以高品质生态环境支撑高质量发展，加快推进人与自然和谐共生的现代化"，为进一步加强生态环境保护、推进生态文明建设提供了方向指引。

　　美丽宜居的生态环境是广西的"绿色名片"。广西地处祖国南疆，西北起于云贵高原的边缘，东北始于逶迤的五岭，向南直抵碧海银沙的北部湾。高山、丘陵、盆地、平原、江流、湖泊、海滨、岛屿等复杂的地貌和亚热带季风气候，造就了生物多样性特征明显的自然生态。山川秀丽，河溪俊美，生态多样，环境优良，物种丰富，广西在中国乃至世界的生态资源保护和生态文明建设中都起到举足轻重的作用。习近平总书记高度重视广西生态文明建设，称赞"广西生态优势金不换"，强调要守护好八桂大地的山水之美，在推动绿色发展上实现更大进展，为谱写人与自然和谐共生的中国式现代化广西篇章提供了科学指引。

生态安全是国家安全的重要组成部分，是经济社会持续健康发展的重要保障，是人类生存发展的基本条件。广西是我国南方重要生态屏障，承担着维护生态安全的重大职责。长期以来，广西厚植生态环境优势，把科学发展理念贯穿生态文明强区建设全过程。为贯彻落实党的二十大精神和习近平生态文明思想，广西壮族自治区党委宣传部指导策划，广西出版传媒集团组织广西科学技术出版社的编创团队出版"自然广西"丛书，系统梳理广西的自然资源，立体展现广西生态之美，充分彰显广西生态文明建设成就。该丛书被列入广西优秀传统文化出版工程，包括"山水""动物""植物"3个系列共16个分册，"山水"系列介绍山脉、水系、海洋、岩溶、奇石、矿产，"动物"系列介绍鸟类、兽类、昆虫、水生动物、远古动物、史前人类，"植物"系列介绍野生植物、古树名木、农业生态、远古植物。丛书以大量的科技文献资料和科学家多年的调查研究成果为基础，通过自然科学专家、优秀科普作家合作编撰，融合地质学、地貌学、海洋学、气候学、生物学、地理学、环境科学、历史学、考古学、人类学等诸多学科内容，以简洁而富有张力的文字、唯美的生态摄影作品、精致的科普手绘图等，全面系统介绍广西丰富多彩的自然资源，生动解读人与自然和谐共生的广西生态画卷，为建设新时代壮美广西提供文化支撑。

八桂大地，远山如黛，绿树葱茏，万物生机盎然，山水秀甲天下。这是广西自然生态环境的鲜明底色，让底色更鲜明是时代赋予我们的责任和使命。

推动提升公民科学素养，传承生态文明，是出版人的拳拳初心。党的二十大报告提出，"加强国家科普能力建设，深化全民阅读活动"，"推进文化自信自强，铸就社会主义文化新辉煌"。"自然广西"丛书集科学性、趣味性、可读性于一体，在全面梳理广西丰富多彩的自然资源的同时，致力传播生态文明理念，普及科学知识，进一步增强读者的生态文明意识。丛书的出版，生动立体呈现八桂大地壮美的山山水水、丰盈的生态资源和厚重的历史底蕴，引领世人发现广西自然之美；促使读者了解广西的自然生态，增强全民自然科学素养，以科学的观念和方法与大自然和谐相处；助力广西守好生态底色，走可持续发展之路，让广西的秀丽山水成为人们向往的"诗和远方"；以书为媒，推动生态文化交流，为谱写人与自然和谐共生的中国式现代化广西篇章贡献出版力量。

"自然广西"丛书，凝聚愿景再出发。新征程上，朝着生态文明建设目标，我们满怀信心、砥砺奋进。

漫步八桂海岸线

感受海风拂面
守护广西海洋生态

微信/抖音扫码

走进
碧海银沙
挖掘绿水青滩美景，促力人海和谐幸福

漫步
美丽岛屿
细数广西海岸宝藏地，感受个人海洋风格

探索
海洋奥秘
了解海洋文化和生物，领略海洋生态文明

拓宽
阅读视野
出版社产品质好书推荐，充实你的知识地图

目录

综述：美丽富饶的北部湾

很多人都知道，广西的海岸线和出海口"钦北防"（即钦州、北海、防城港）地区，在明清时期是属于广东省的，广西在当时是一个内陆省份，离大海很近，但是看得见、摸不着。直到中华人民共和国成立初期，"钦北防"由广东省划给广西省管辖，而后又划归广东省管辖了十年。1958 年，广西壮族自治区成立，由于自治区经济发展的需要，要求广西必须有自己的出海口，因此 1965 年 7 月后"钦北防"地区又划归广西管辖。自此，广西从一个内陆省份变成了一个有海岸线和出海口的沿海省份。

秦朝时期岭南地区的象郡辖地包括了现在的广东西部部分地区、海南岛、广西南部和西部、越南北部。

到了汉武帝时期，现在的北部湾城市群所在地划归合浦郡。根据史书的详细记载，合浦港早在汉武帝时期便是我国对外通商的港口之一，也是海上丝绸之路的始发港之一。很长一段时间里，合浦港是我国同东南亚、印度贸易的窗口。汉时岭南虽人烟稀少，但目前在合浦县竟发现了近万座古汉墓。这些墓葬中出土的文物不乏水晶、玛瑙、琥珀等从海外来的"舶来品"，可见合浦作为海上丝绸之路始发港的重要地位和当时对外贸易的盛况。

唐代后期的岭南西道、宋代的广南西路，一直都包括现在的"钦北防"地区，即拥有漫长的海岸线和重要的出海口。

从地理位置上看，现今的广西大陆海岸线从东到西的跨度很小，东起与广东交界的合浦洗米河口，西至中越交界的北仑河口，直线距离约 180 千米，长度大概只相当于相邻的雷州半岛海岸线的一半。但是实际上，广西的大陆海岸线长约 1629 千米，比海洋大省江苏的海岸线还要长约 600 千米，这得益于广西的海岸线迂回曲折、类型丰富多样。

从自然条件方面来看，广西北部湾是我国大陆海岸线南端的海域，也是我国自然生态最好、最洁净的海域之一，海洋资源丰富。

广西海岸带陆地地区总地势是西北高、东南低，最高为西部江平镇北部的平头顶，海拔为 196.0 米；其次为茅岭江西北部的三角大岭，海拔为 194.8 米。

北部湾地区沿海地形地貌大致以钦州犀牛脚（大风江）为界，东西两部具有不同的地形地貌特征。东部地势较为低平，以平直的海成沙堤和海积平原为主，如被誉为"天下第一滩"的北海银滩地层属于现代海积层，是典型的沙质海岸。西部多为丘陵和多级基岩剥蚀面，地势相对较高。侵蚀剥蚀台地是广西海岸带分布最广、面积最大的地貌单元，如防城港江山半岛就分布着海蚀崖、海蚀平台、海蚀柱、海蚀洞穴等多种类型的海蚀地貌景观。

广西海岛数量众多，居全国第四位，沿海有岛屿643个，岛屿岸线长约550千米。广西最大的海岛——涠洲岛面积约25平方千米，是我国最大、最年轻的火山岛。

广西北部湾是我国海洋生物多样性最丰富的海区之一。广西是为数不多的同时拥有红树林、海草床、珊瑚礁这三大最具生命力的海洋生态系统的省份。红树林、海草床、珊瑚礁生态系统都具有防止海岸侵蚀、吸收海浪能量、净化海水水质等方面的功能。它们固碳能力超强，堪称"蓝碳明星"，肩负着助力我国实现"双碳"目标的重要使命。红树林和海草床是很多海洋生物的"托儿所"和"幼儿园"，数不清的鱼虾蟹贝在这里生活繁衍。珊瑚礁以占海洋总面积不足0.25%的面积，孕育了约30%的海洋生物，维持着近海的生物多样性。珊瑚礁也是重要的旅游资源，其美丽景色给沿海旅游加分甚多，吸引大量的游客前去观光和潜水，为当地经济发展做出贡献。

近年来，广西钦州三娘湾的中华白海豚和涠洲岛—斜阳岛海域的布氏鲸化身广西海洋生物多样性的"网红代言人"，频频在各大媒体上亮相。世界鲸豚专家研究认为，三娘湾—大风江海域的中华白海豚是目前全球最年轻、最有活力和最健康的鲸豚种群。涠洲岛的布氏鲸群是我国自1980年之后发现的首个近岸分布的大型鲸类群体。

北部湾的海产种类繁多，是我国传统的渔区。广西海岸线的利用类型中，渔业海岸线长1000多千米。得益于拥有的红树林、海草床、珊瑚礁这几大海洋生态系统，"靠山吃山，靠海吃海"，北部湾给广西沿海人民提供了一个大"菜篮子"，而且是一个"荤菜"篮子，也造就了北部湾沿海老百姓的"刁"嘴巴。

广西蜿蜒曲折的海岸带，带来了优质的港口、丰富的矿产油气和风力资源。广西沿海的北海市、钦州市、防城港市三个地级市分别对应的港口为北海港、钦州港、防城港，合称"北部湾港"。北部湾港于 2022 年跻身全国港口货物吞吐量排行位列前十名。而除了这三个港

口，广西可以发展成万吨以上级码头的海湾、岸段还有10 多处。随着平陆运河的开工建设，我国的大西南将形成一个全新的陆海新通道。南流的江水，将打破原来的格局，形成新的经济版图和西部地区新的发展高地。

广西北部湾美丽且富饶。曾经，这里因海上丝绸之路而辉煌一时；如今，北部湾经济区是服务"一带一路"和西部陆海新通道建设的重要部分。向海而兴，向海图强，未来可期！

北海银滩夏日风光（引自罗劲松《壮美广西》）

美丽之海

广西沿海地区位于北回归线以南，北枕山地，南临北部湾。亿万年的地质变迁，特别是第四纪的地质变化，造就了现今的广西海岸带地貌。

广西大陆海岸线东起与广东交界的合浦洗米河口，西至中越交界的北仑河口，长约1629千米，岛屿岸线长约550千米。

大自然之手造就了美丽的广西海岸线，这里有享誉全国的"天下第一滩"——北海银滩，我国最大、最年轻的火山岛——涠洲岛，冠以"龙泾还珠"之名的钦州七十二泾，还有充满民俗风情的京族三岛和被誉为"旅游胜地""运动天堂"的江山半岛等景观。

微信/抖音扫码

白虎头银沙滩

北海是广西著名的滨海旅游城市，既有独特的海蚀、海积地貌，又有郁郁葱葱的红树林，还有最重要的城市名片——北海银滩。

银滩绵延 24 千米，海滩宽 30 ～ 3000 米，总面积 38 平方千米，面积超过大连、烟台、青岛、厦门和北戴河海滨浴场沙滩的总和。它具有滩长平、沙细白、水温净、浪柔软、无鲨鱼的特点，因而被称为"天下第一滩"。

北海市属亚热带海洋性季风气候区，冬季较短，夏季很长。这里海水水质清洁，透明度高，且海水退潮快、涨潮慢，每年的 3 月至 10 月均可下海游泳。

有句广西人民口口相传的话叫"北有桂林山水，南有北海银滩"。把北海银滩和桂林山水相提并论，足见人们对银滩的喜爱。

银滩位于北海市北海半岛南部，东起大冠沙，西至冠头岭，由东区（大冠沙至冯家江口东岸）、中区（冯家江西岸至侨港镇以东）和西区（侨港镇以西至冠头岭）三个部分组成。

2011 年，国家林业局（现国家林业和草原局）批准将银滩东区建设成广西北海滨海国家湿地公园，2014

年 10 月公园正式对外开放。

中区，就是人们通常讲的"十里银滩"景区，其中东起白虎头、西至电建港东岸的一段，是银滩滨海旅游度假区的核心地段。

游人如织的银滩（钟雨云　摄）

北海银滩国家旅游度假区（毕建东　摄）

由于银滩中区从空中看像一只张大了嘴巴的白虎，因此当地人过去把银滩叫作"白虎头"。

在 20 世纪 90 年代，银滩被列为 12 个国家旅游度假区之一，这片美丽的沙滩就正式改名为"北海银滩"。

银滩是典型的高品质海积地貌的沙坝–潟湖海岸类型。银滩地层属于现代海积层，是典型的沙质海岸。根据地势和物质组成，北海银滩可细分为台地、沙坝和潟湖三种地貌带，其中沙坝–潟湖带主要在银滩中区，是旅游开发最集中的区域。

银滩中区的沙子细而白。整个沙滩是由高品位纯净石英砂历经七八千年的淘洗堆积而成，沙子里的石英（二氧化硅）含量超过 98%，使得沙子外观晶莹，雪白如玉。银滩的沙子很细，以细粒沙为主，粒径仅在 0.094～0.250 毫米之间，与人的头发粗细相差无几。

闪闪发光的"天下第一滩"（谭瑞军　摄）

细沙在阳光的照射下泛出片片银光，为国内外所罕见，被专家称为"世界上难得的优良沙滩"。

根据检测分析，银滩中区沿岸沙堤、沙滩沉积物主要由灰白色、白色、浅黄色不同类型的沙组成，其中细沙约占 63%，极细沙约占 18.6%，中沙约占 15%。沉积物矿物成分以石英砂为主，含少量钛铁矿、锆石、绿帘石、锡石等。沙粒呈滚圆状，分选性好，沙质纯净。而距离不远的西区的长达 8 千米的潮间沙滩，其泥沙特征为浅黄色细沙，平均粒径为 0.16～0.18 毫米，视觉上比中区的沙要偏黄，踩上去也没有了滑腻如棉的感觉。整体上，银滩沙的极细沙组分的含量由陆地向海方向逐渐增大。

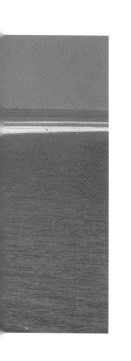

银滩风光（毕建东 摄）

根据在银滩沙堤沙层中所取的沉积物样品进行放射性同位素碳 –14 绝对年代测年的结果判断，银滩的形成年代为距今 8000—7000 年。其中，西区的地质年代早于中区。

当时，海平面上升速率超过海岸沉积速率，产生大规模海侵，北部湾沿岸一带海水淹没到现今海拔 6.74 米的位置。于是，海水进入南流江古河谷并形成河口湾，南流江带来的大量泥沙在河口堆积形成三角洲平原。海水不断地向北推进、冲刷、侵蚀半岛南部北海组 – 湛江组洪积 – 冲积台地的砂砾层、泥质砂层、黏土质细砂层、砂质黏土层。白虎头在那时候变成了滨海，沿岸形成了海积沙堤和潟湖等。

7000 年以来，北海半岛地区沙堤、沙滩地区的海面基本在现今位置稳定波动。这是因为此地海岸沉积速率与海平面上升速率相当，处于稳定堆积阶段，沿岸沉积物在海浪涨落，以及潮流、沿岸流反复淘洗的作用下，逐渐向海堆积形成现今的银滩。

2018 年，北海银滩开始了大规模的改造提升，旅游环境不断优化、旅游设施不断丰富、旅游服务质量不断提高、旅游品质不断升级……它的每一次变化，都紧紧触动着北海人的心。经过多年发展，银滩已成为相当成熟的旅游景区，自西向东分为欢乐港湾区、秀映潮雕区、银沙逐浪区、平滩听涛区等四个核心区域。

银白的沙、浅蓝的海、翠绿的椰子树在银滩交集，那一片被串联起的海天胜景，不经意间，便将宽广、宜人、清新和明亮留在了世间，给人以无限美的享受。

龙门七十二泾

广西钦州市依山临海，风光明媚，古迹众多，自古以来就是桂南著名的人文风景旅游胜地。

钦州在明清时期曾两次评过钦州八景。根据清康熙、道光两部《钦州志》所列，钦州古八景分别是文峰卓笔、一江横带、三石吐奇、鸿亭点翠、灵潭沛雨、元岳凌云、龙泾还珠、玉井流香。

清代大儒冯敏昌曾写了一首诗《钦州八景》，介绍的正是志书所述的古八景：

> 文峰卓笔插浮虚，元岳凌云步帝衢。
> 三石吐奇光殿策，一江横带束朝衣。
> 灵潭沛雨开时化，玉井流香濯素珠。
> 龙泾还珠来故地，鸿亭点翠庆盈余。

这八景中有海有山有江，但是很多外地人提到钦州时，却往往不会把钦州当作一个滨海城市看待。那是因为在北海和防城港，人们出门就能看到大海，而钦州城区不靠海，要从市区驱车20多千米到钦州港口一带才能看到大海。

钦州的南部是辽阔的钦州湾，钦州湾是北部湾的一部分。狭义的钦州湾指的是一个狭长的海湾，自北向南长约 20 海里。

钦州的海岸线长约 563 千米，而绝大多数海岸线属于茅尾海。茅尾海是钦州湾内的一片富饶美丽的内海，这里的海面经常风平浪静，宛若静静的湖水，因而特别适合养殖海产品。茅尾海是钦州大蚝、对虾、青蟹、石斑鱼四大海产品的主要产地。

钦州市有大小岛屿 294 个。丰富的海岛资源是钦州发展海洋经济的有利条件。其中，位于茅尾海南端的龙门群岛是岛屿分布最密集的区域。

龙门群岛旅游景区山环水绕，风光旖旎，奇特秀丽，享有"南国蓬莱"的盛誉。该景区主要由仙岛公园、七十二泾、茅尾海、龙门岛、亚公山、青菜头、绿岛、五马归槽等景点组成。

百余年前，孙中山先生在《建国方略》中提出要在钦州建设"南方第二大港"——钦州港。为了纪念孙中山先生，钦州市委、市政府于 1995 年，在位于钦州港龙门群岛七十二泾景区入口处的龟岛上建造了仙岛公园，又称逸仙公园。

龙门岛是龙门港镇的所在地，是龙门群岛中最大的岛屿。龙门港镇历史悠久，秦代属象郡管辖，汉代时属交州合浦郡。龙门岛在明代之前人迹罕至，清初开始有人陆续迁居至此。目前镇上生活着 8000 余人，主要以捕鱼为生。

龙门岛位于茅尾海出口处，是水上进出钦州的门户，亦为历代兵家必争之地，如今岛上仍保存有清代修筑的炮台遗址。民国时期，广东江防司令申葆藩曾驻扎于此，他修建的将军楼及钦州古八景之一"玉井流香"（遗址），

申葆藩修建的将军楼（廖馨　摄）

现在都已成为龙门港镇的旅游景点。

古八景中另一个与海有关的景点就是"龙泾还珠"，指的是龙门群岛中的景点"七十二泾"。在钦州湾蔚蓝的海面上分散着 100 多个形态各异的小岛，岛与岛之间被弯弯曲曲的水道环绕，这些水道就被称为"泾"。七十二泾早期是因地层断裂而形成的互相分离的丘陵，后来因为海侵，海平面上升，便形成了星罗棋布的岛屿。

古人时常会以九的倍数来形容数量之多，"七十二"表示数量很多，实际上这里的水道可不止七十二条，所以当地流传着这么一句话："七十二泾，泾泾相通。"泾如玉带，岛像明珠，故得"龙泾还珠"之美名。七十二泾景区内还有近万亩连片生长的红树，青翠的红树林与湛蓝的海水交相辉映，风光旖旎，宛若蓬莱

七十二泾景区中的红树林（潘良浩　摄）

仙境。

　　七十二泾的美景引得明代钦州知州董廷钦诗兴
大发：

　　龙泾一曲绕营隈，水满堤罗泾自开。
　　七十二泾分复合，八千万里去还来。
　　川鲸暂隐珠帘洞，海蜃频吁碧玉台。
　　谷口桃源如有路，渔郎误入几时回。

　　时光飞逝，沧海桑田，如今钦州古八景的部分景色
已经难觅芳踪，只能遗留古册了。1998 年，由钦州八
景评审委员会评选出了钦州新八景，分别是王岗春色、
六峰缀秀、龙泾还珠、刘冯宝第、灵东浴日、麻蓝仙岛、
越州天湖、椎林叠翠。这新旧八景的区别，一是来自时

光的手笔，二是钦州行政区划的变化，三是人与自然和谐发展的体现。

新八景中涉海的除"龙泾还珠"外，还有"麻蓝仙岛"，指的是七十二泾与三娘湾景区之间的麻蓝岛，又称麻蓝头岛、兰头岛，是钦州面积最大的海岛。

麻蓝岛位于鹿耳环江江口处，钦州市犀牛脚镇的西北面。麻蓝岛面积为 0.25 平方千米，海岸线长 2.77 千米，距大陆最近处仅几百米。

麻蓝岛的名字来源于一个传说故事。相传这里原是一片海，不知何时游来一条大南蛇。南蛇到了此地，看到了北岸的硫黄山，不敢再前进，只得盘桓于此，后来就形成了岛屿，因其状似麻蓝，故名麻蓝岛。

清代咸丰年间，犀牛脚镇的大环渔村人移居到麻蓝岛上，此后逐渐形成自然村。20 世纪 90 年代，钦州政府征用麻蓝岛开发建设旅游度假区，岛上的居民又几乎全部迁回了大环渔村。

钦州犀牛脚具有独特的地理位置，北部湾沿海地貌以犀牛脚（也是大风江入海口）为界，东西两侧地貌特征不同。东部地势较为低平，以平直的海成沙堤和海积平原为主；西部多为丘陵和多级基岩剥蚀面，地势相对较高，主要为微弱充填的曲折溺谷湾。

前述的龙门群岛和麻蓝岛就位于犀牛脚的西部。麻蓝岛的西南部是砂页岩构成的岩滩，可见海蚀地貌景观。登上麻蓝岛的制高点（一个约 22 米高的小岭），远眺海天一色，美不胜收。麻蓝岛的西北部为中高潮位沙滩，沙滩宽阔平坦，主要由黄白色粗沙组成，是天然的海滨浴场，同时盛产沙虫、沙蟹、沙钻鱼、对虾等。

麻蓝岛空气清新，植被茂盛，全岛植被覆盖率60%以上，其中约20%为天然原生红树林，分布在东侧海湾滩涂，另外80%以木麻黄防护林和湿地松林为主。麻蓝岛的湿地松林群落保存相对完好，是广西滨海保存良好的植物群落之一。

钦州处处是美景，如果现在再评选钦州八景，估计又要有新变化了。

麻蓝岛（潘良浩 摄）

京族三岛和江山半岛

广西沿海有三个地级市，即北海市、钦州市、防城港市。其中，防城港市是一个占据着特殊地理位置的海滨城市，被誉为"西南门户，边陲明珠"。防城港市是我国大陆海岸线的最西南端，西南与越南接壤，大陆海岸线长约 538 千米，共有海岛 284 个。

"防城"的得名可追溯到宋太祖时期，当地人为防外敌，以树为栅，筑土为城，故名防城。1968 年，为援越抗美，当地政府在这里建设了战备码头，并于 1972 年建成开港，称为防城港，是"海上胡志明小道"的起点。后因港而建市，市因港而得名。

京族三岛

防城港市西南岸有三座我国少数民族京族聚居的岛屿——巫头、沥尾、山心。三岛排布呈"品"字形，都是海洋与河流共同作用下形成的海积 - 冲积沙岛，总面积不大，约 20.8 平方千米，被称为"京族三岛"。

虽然京族三岛在秦汉时期就被纳入了中国版图，但是有人居住的历史其实并没有那么久，岛上早年荒无人烟。据考证，明正德六年（1511 年），一些以捕鱼为生的越南人追踪着鱼群来到了这里，发现这里"冬季草不枯，非春也开花，季季鱼泛鳞，果实满枝丫"，于是定居了下来。

京族流传的一首歌谣，生动反映了祖先的迁徙往事：

> 京族祖先几个人，因为打鱼春过春；
> 跟踪鱼群来巫岛，孤岛沙滩不见人。
> 巫头海上鱼虾多，打鱼生产有门路；
> 落脚定居过生活，找到这处好海埠。
> 京族祖先在海边，独居沙岛水四面；
> 前继后接几十代，综计阅历数百年。

歌谣里唱的"跟踪鱼群来巫岛"里的"巫岛"就是巫头岛，该岛正是京族先人 500 多年前率先登陆的地方。这些从越南涂山等地的拓荒者及其后代们，既继承了原住地文化，又不断吸纳汉文化的先进部分，成为我国唯一的海洋民族。中华人民共和国成立之初，称他们为"越族"。1958 年，根据该民族人民的意愿，改名为京族，有"心向北京"之意。

京族三岛四面环海，淡水资源缺乏。从地质条件上看，三岛地层底部基岩为砂岩，上部为海积－冲积沙层覆盖全岛。岛上土壤属风沙土，无层次结构，因有机质含量较少，较为贫瘠也不耐旱，并不适合耕作。因此岛上居民只能依托海洋，靠海吃海。好在大自然给了这些勇敢又幸运的海上拓荒者丰厚的回馈。这里的海域海草、海藻丰富，是天然的鱼类产卵区和育幼场。附近海域也有数百种经济价值较高、产量丰富的海产品。

山心岛航拍图（黄天福　摄）

关于京族三岛的传说有两个。其中一个传说是这样的：很久很久以前的一天，电闪雷鸣，海面上掀起滔天巨浪，三艘正在打鱼的越南渔船被海浪掀翻，鲨鱼成群结队地向落水的人们袭来。千钧一发之际，一个仙人从天而降，先用宝剑赶走了鲨群，再用宝剑在海面画三个小圈，小圈中各冒出一堆白沙，白沙堆由小变大，最后变成三个小岛。被救的人们奋力登岛，终于脱险，于是便在岛上定居下来，开田打鱼，一代代生息繁衍。这三个小岛就是如今的京族三岛。

在另一个民间传说中，京族三岛一带原是一望无际的大海。白龙尾地处白龙半岛南端，隔着珍珠湾与京族三岛相望。在白龙尾住着一只蜈蚣精，凡是船只经过，必须献出一个人给它吃，否则它便兴风作浪，打翻船只，吞食整船的渔民。后来，上天派智勇双全的神仙镇海大王来为民除害，经过一番激战，蜈蚣精被斩成三段，头变巫头岛，身变山心岛，尾变沥尾岛。这位消灭蜈蚣精的镇海大王，因此受到了京族人民的尊崇，被看作是三岛的开辟神和守护神。其实，这个有关镇海大王的传说

最先来自汉族。在白龙半岛形成的传说里，也有一个镇海大王，但那个兴风作浪的海上妖怪是一条大白龙，被镇海大王斩杀后变成了白龙半岛。

白龙半岛镇海大王的传说要早于京族三岛的，两个故事的关键情节类似，可见由蜈蚣精变成三岛的传说是

白龙半岛（吴业庆　摄）

白龙半岛渔船（吴业庆　摄）

受了汉族传说的影响而形成的。这种来自汉族的"镇海大王崇拜"也影响了迁居至此的京族先人。

京族人的祖先在越南居住时，就有建立哈亭来供奉保护神的习俗。保护神包括海神、土地神等，但各村各社的哈亭一般只供奉一位保护神，因此京族三岛的哈亭里也有供奉保护神的情况。例如，在沥尾、巫头的哈亭中，除了供奉高山大王、广达大王、安灵大王、光道大王，还加上了这一地区原有的保护神——镇海大王，并放在重要的位置，人们希望这些神明们可以继续保佑自己。

"哈"在京语中是唱歌的意思。传说在越南陈朝，一位歌仙用歌声动员大家反抗陈朝政权的黑暗统治，她的歌声深深地感染了每一位群众，受到了人们的敬仰。后人修建了"哈亭"供奉各位保护神以求得神明庇佑。

　　"娱神"活动称为"哈节",又名"唱哈节",是京族每年一度的传统节日,届时会在哈亭举行祭神活动。京族哈节在 2006 年被列入第一批国家级非物质文化遗产名录。

　　各村举办哈节的时间并不相同,沥尾岛的为农历六月初十,巫头岛的为农历八月初一,山心岛的为农历八月初十。相同的是,每到哈节,男女老少都会盛装云集哈亭,弹起独弦琴,跳起竹杠舞,举行"唱哈"活动,迎神、祭神,祈祷生产丰收、人畜兴旺。

　　过去,由于缺乏先进的航海工具和技术,京族人民

京族巫头哈亭(黄天福　摄)

的生产方式比较单一，主要是依赖浅海捕捞和滩涂作业等较原始的谋生方式，虽然海产品丰富，但是因捕鱼方式落后，产量十分低，人民生活比较贫困。20 世纪 60 年代，由当地政府出资，通过围海造田和筑堤引水，将与世隔绝的三岛变成了与陆地相连的半岛，隶属于广西壮族自治区东兴市江平镇。陆地的粮食和淡水可以运到岛上，于是岛民有了耕地，农业生产得以发展。同时，京族人民逐渐舍弃了原先的落后工具，换上了先进的渔船并学会了灯光捕鱼等技术，保证了出海作业的安全性和捕捞量。随着中越两国边贸恢复、对外开放扩大，京族人民吃苦耐劳、善于经商的优势得到了极大的发挥，外贸生意做得红红火火，京族人民逐渐告别了贫穷的生活。

步入 21 世纪后，京族三岛因独特的民俗风情和旖旎的海岛风光而共同组成了京岛旅游度假区，吸引了无数中外游客前来观光度假。

沥尾岛处于半岛的最南端，地势平坦，海拔仅 8 米。沥尾岛在三岛中面积最大，约 13.7 平方千米。沥尾海边有一片著名的海滩，叫作"金滩"。比起银滩，金滩的长度不遑多让，长达 13 千米，岸上绵延有 20 多千米长的郁郁葱葱的木麻黄人工防护林带。金滩的沙子主要由石英砂组成，这些由海水和河流携带来河口的沉积物受到波浪、水流和潮汐等海洋地质作用的影响，不断磨砺和筛选，最终形成了金色的沙滩。金滩沙质细软，且水清、坡缓、浪平，是优质的天然海滨浴场。

巫头岛中间凸出，两头下垂，地形呈纺锤状，长约

美丽的金滩（黄天福　摄）

3.5 千米，平均宽约 1.4 千米，面积约 4.8 平方千米，最高点庙仔山高程为 10.4 米。巫头岛出露的地层为发育不全的第四系，可见海积地貌和风成地貌。巫头岛沙堤长 4 千米，宽 0.5 ～ 1.8 千米，一般高程为 3 ～ 5 米，砂层厚约 5.5 米，具水平层理和交错层理。其上部为灰

白色、浅黄色中细粒石英砂，中间为灰黑色、棕褐色细中粒砂，底部为青灰色、灰黑色含砾细粒砂。在海积沙堤的基础上，被风吹扬，构成丘状或垅岗状的堆积物的风成地貌，可见于巫头岛中部。沥尾岛与巫头岛的砂层中富含钛矿、磁铁矿、锆石和玻璃砂等矿产。

金滩航拍图（黄天福　摄）

　　巫头岛有几千亩的沙滩，白沙皑皑，沙上木麻黄成荫，看似一派林海雪原风光，号称"南国雪原"。岛上陆域地表以砂质土为主，植物组合类型多样，存有少量相对完好的红鳞蒲桃季雨林地带性植被。

　　位于巫头岛南面的万鹤山滨海湿地公园，有海边"小西双版纳"之称，是广西保存最完好的滨海湿地之一。每年清明至冬至，上万只白鹭在这里栖息繁衍。

　　万鹤山的得名还有一个感人至深的故事。1960年，

两对白鹭"夫妇"迁徙到了巫头岛的树林中。白鹭全身洁白，双腿修长，京族人都叫它们"松鹤"。京族人陈子成一家住在树林深处，陈子成自幼便常与岛上的各种鸟类嬉戏，与鸟儿建立了深厚的感情。陈子成视白鹭为"吉祥鸟"，每天不辞辛苦，在山头义务护鸟、植林，守护着来巫头岛安家的白鹭。这两对白鹭在巫头岛繁殖后代，到了第二年春天，它们又带来了更多的同伴。年复一年，白鹭在这附近越聚越多，于是这落满白鹭的山头就被人们叫作"万鹤山"，而人们亲切地称陈子成

巫头岛（黄天福　摄）

亚头村航拍图（黄天福　摄）

为"松鹤老人"。"松鹤老人"一家爱鸟、护鸟，展现了巫头岛上人与自然和谐共处的动人事迹。

江山半岛

在镇海大王的传说里提到的白龙半岛，因状似龙头而得名，现已改名叫江山半岛，总面积 208 平方千米。江山半岛位于防城港西湾和珍珠湾之间，与京族三岛隔珍珠湾相望。

江山半岛出露的地层主要属侏罗系中统和上统，其余则为第四纪时期的松散堆积。半岛的岩性主要有粉砂岩、长石质砂岩、泥岩、砂岩和砂砾岩。江山半岛第四系堆积物较为发育，成因以滨海沉积为主，还有坡积和坡残积等，滨海沉积主要分布于半岛东部的白浪滩地区等地。

江山半岛海岸带长 88.3 千米，其中有长达 11.9 千米的生物海岸（红树林海岸），主要分布在江山半岛石角区域。该区域拥有约 1067 公顷的红树林，是我国大陆海岸连片面积最大的红树林保护区。石角区域处于江山半岛西岸的海湾内，受到的潮汐和波浪作用较弱，泥沙堆积作用较强，所以形成了以淤泥、细沙为主的泥滩，为红树林提供了良好的生长环境。

基岩 – 沙质海岸主要分布于江山半岛东岸和尾部。这种地貌是以山地基岩海岸的构造——侵蚀谷地为基础，受海平面上升、海水入侵影响而形成的，以白龙尾区域、美石滩和月亮湾区域为典型。

　　白龙尾东部的怪石滩，裸露的侏罗系砂岩基岩经海水动力常年侵蚀形成海蚀地貌，石头呈褐红色，被称为"海上赤壁"。经海浪千百万年的雕刻，怪石滩的基岩海岸分布着各种类型的海蚀地貌景观，如海蚀崖、海蚀平台、海蚀柱、海蚀洞穴等。海蚀平台上还发育了形态各异、惟妙惟肖的天然石雕群，景象蔚为壮观，当地百姓据此起名"怪石滩"。

怪石滩上形态各异的天然石雕（吴业庆　摄）

　　江山半岛西岸的万松海岸也是以侏罗系砂岩为主的基岩海岸，受矿物侵入影响，岩石呈紫红色。万松海岸还是江山恐龙化石的发掘地。江山恐龙化石是我国南方沿海发现的首例侏罗纪时期化石，也是广西目前发现的时代最早的恐龙化石。江山半岛东岸多为沙质海岸，岸线较短且相对平直，但沙质优良。主要受物质来源等因素的影响，半岛东岸各海岸沙质有所不同。

　　著名的白浪滩景区，位于江山半岛中部向外延伸的岬角处，滩宽 0.3 ～ 1.7 千米，长约 3.5 千米。白浪滩底部为侏罗系基岩，上覆盖第四系堆积层，形成了逐渐向海中延伸的平缓坡。潮汐和波浪作用在这一区域逐渐减

弱，使细颗粒的沙不断堆积，最后形成了宽广的海滩。白浪滩风浪较大，为冲浪胜地。白浪滩的沙子中含有金属钛，因此沙滩白中泛黑，是难得的"黑金沙滩"。钛经酸解氧化生成二氧化钛，二氧化钛具有无毒、最佳不透明性、最佳白度和光亮度的特点，被用作很多美白产品里的增白剂。游客们来到白浪滩，常把自己埋在沙子里，以享受这天然的护肤产品。

　　防城港的京族三岛和江山半岛，有着良好的生态环境，丰富的海岸和海岛旅游资源，以及独特的海蚀地貌、海滨沙滩资源。除此之外，还有着优质的人文旅游资源，如京族民俗、江山恐龙发掘地、亚婆山贝丘遗址等。

沸腾的白浪滩（林强　摄）

白浪滩（吴业庆　摄）

水火交融的涠洲岛

人们常常说"水火不容"，但北部湾有一个美丽的海岛，却是由水与火交融所产生。它就是北部湾第一大岛——涠洲岛，2005年被《中国国家地理》杂志评选为"中国最美海岛"亚军，仅次于"难以企及"的西沙群岛。2023年6月，涠洲岛入选中国第一批"和美海岛"。

与莎士比亚同期且齐名的明代戏曲作家汤显祖曾经登上涠洲岛，并写下了这样的诗句：

日射涠洲郭，风斜别岛洋。

交池悬宝藏，长夜发珠光。

闪闪星河白，盈盈烟雾黄。

气如虹玉迥，影似烛银长。

涠洲岛位于广西北部湾海域中部，是广西沿海最大的岛屿，也是我国地质年龄最年轻的火山岛。岛上海洋生物多样性丰富，是我国为数不多的红树林、海草床、珊瑚礁三大典型海洋生物群落共存区域。

涠洲岛与北海市南岸侨港镇的直线距离为48千米，环岛一圈（海岸线）24.85千米，总面积约25平方千米。这个面积并不是一成不变的，随着地球气候变暖和海平面上升，它的面积要比数十年前有所缩小。从涠洲岛海滩潮间带枯死的木麻黄就能看出——海水在不断"进攻"侵蚀，海滩在不断"退守"。

提起涠洲岛，人们常常在其前面加个定语介绍，即"中国最大、最年轻的火山岛"。这个"年轻"指的是地质年龄，与"高寿"约46亿年的地球相比，涠洲岛才100多万岁。

100多万年前，北部湾海域的火山喷发，涠洲岛开始"受孕着床"，在海底奠定了现在所看到的海岛的基础。随后百万年来多次的火山爆发和海水洗礼，孕育了如今的涠洲岛，它的整个形成过程是一部水火交融的伟大史诗。

在谈及涠洲岛的前世今生前，我们先要对地球的地质年代有一个简要概念。我们的地球已有约46亿岁，涠洲的"前世今生"发生在第四系。第四系的年龄有250万岁，假如地球是一个百岁老人，那第四系相当于地球才20天的婴儿期。

系 (纪)	统 (世)		阶 (期)	GSSP	年龄值 (Ma)
					现今
第四系	全新统	上/晚	梅加拉亚阶		0.0042
		中	诺斯格瑞比阶		0.0082
		下/早	格陵兰阶		0.0117
	更新统	上/晚	上阶		0.129
		中	千叶阶		0.774
		下/早	卡拉布里雅阶		1.80
			杰拉阶		2.58

国际年代底层表2023版(节选)

涠洲岛全景（蓝建强　摄）

北部湾的地质构造在第四系经历了错综复杂的演化，最终形成了现在的北部湾。

在距今约 180 万年的更新世早期，南海盆地（现在的南海）夹在欧亚板块、印度洋板块和太平洋板块之间。这三大板块的挤压，使得现在的世界最高山脉喜马拉雅山不断隆起。这个"喜马拉雅构造运动期"进入第三期，板块之间的碰撞，使得南海盆地扩张变大，盆地的北端在各种力的拉扯下，不堪重负，产生了几条大的裂缝。北部湾的面积变化就是这些裂缝扩大的结果。

板块扩张使得地壳就像往两边扯的面皮，厚度变薄，并且产生一些垂向的断裂，地壳底下的地幔物质从变薄的地方上涌，上升到浅部后因压力降低而由固态变成了液态，形成了岩浆。深处的岩浆不断上涌，能量积蓄到一定程度后，从地壳薄弱的地方或者裂缝喷薄而出。第四系北部湾持续发生的岩浆喷发，形成了今天的涠洲岛和斜阳岛。

如果把涠洲岛火山活动看作宇宙间的烟火表演，它的第一幕发生在更新世早中期（距今 142 万—49 万年），名为"溢流式岩浆喷发"；第二幕在晚更新世末期（距今 3.6 万—3.3 万年），名为"射气岩浆喷发"。

第一幕发生在现在涠洲岛横路山锅盖岭这片区域的海底，并没有冲天而起、山崩地裂、吞没一切的情形，而是通红炽热的岩浆从裂缝中汩汩流出，不断向周边流淌。

为什么涠洲岛火山的"首秀"这么温柔呢？原因是这个岩浆库里的玄武岩浆黏度比较小，喷出海底后会向四周溢流扩散。岩浆的黏度受很多因素的影响，如化学成分、温度、压力等。如今在夏威夷火山群也时常可以看到玄武岩浆溢流的壮观场景。

这些温度高1100～1200℃的玄武岩熔浆从地壳裂缝中溢出后，遇到海水迅速冷却，熔岩表面形成固体外壳；随着熔岩流内部压力不断增大，外壳破裂，像挤牙膏一样又挤出新的熔浆，再次形成外壳，如此循环往复，就产生了具有枕状外形和气孔构造的玄武岩。

每当退潮时，人们在涠洲岛北部的后背塘、西角、北港，东北部的横岭，以及斜阳岛的斜阳村等地，沿着潮间带都还能看到有呈球状风化的黑色玄武岩分布。

球状风化的玄武岩（廖馨　摄）

涠洲岛火山流动的岩浆慢慢地向四周漫溢，在海底形成了一个中间高（岩层厚度达 120 米）、四周低（约 25 米）的盾状玄武岩基底，完成了涠洲岛这座"房子"的奠基仪式。

在距今 3.6 万年时，涠洲岛火山开始了它的第二幕演出。与上一次玄武岩浆的温柔景象截然不同，这次蠢蠢欲动的岩浆仿佛憋坏了一样，怒气冲冲，呼啸而起。在炽热的岩浆上升的过程中，其周围的水分瞬间被蒸发，岩浆体积顷刻间变大并产生巨大的冲击力，将火山口顶部的岩石顶开，场面宛如水下核爆。爆炸造就了一个低平火山口，它就是涠洲岛南部那个直径约 2 千米的圆形海湾——南湾火山口。

涠洲岛近百万年以来先后发生了 5 次火山喷发。科学家认为，最后一次喷发或在晚更新世晚期至全新世早期的距今 3.3 万—1.3 万年，或在更近的距今 1 万—0.7 万年。

火山喷发奠定了如今涠洲岛地貌的主体形态。随着地球气候的变化，涠洲岛在漫长的岁月中经历过海退、海侵，台风、地震、海浪侵蚀不断地雕刻着这座海岛，形成了如今丰富壮丽的海蚀、海积、海滩等地貌。

涠洲岛和其不远处的斜阳岛，是我国为数不多的离大陆较近的海洋火山岛，是北部湾最具优势的特色地质遗迹，在岛上可以看到丰富多彩的火山地貌景观。

涠洲岛火山地貌（邱海雄　摄）

玄武岩的海蚀桥（李闰 摄）

　　在南湾火山口处，可以看到其东、西、北三面是由射气岩浆喷发产生的基浪堆积物所形成的弧形峭壁，其间夹有各种火山角砾、岩块和火山弹。而火山口的南面除了一座看起来像一只呆萌小猪的猪仔岭，其他已被海浪冲刷、破坏，原始火山口已被海水淹没了，形成现今的月牙形港湾——南湾。

　　岩浆喷发时溅落堆积的火山碎屑岩（凝灰岩、角砾岩、集块岩）、火山弹及熔岩块等遗迹在鳄鱼山景区和猪仔岭的海蚀平台上都可见到。

涠洲岛南湾渔港景观（引自罗劲松《壮美广西》）

　　海蚀平台之上是由射气岩浆喷发产生的基浪堆积物形成的近乎直立的陡崖峭壁，其间夹有火山碎屑层或散落的火山碎屑岩块。在南湾北面峭壁上部有一数米厚的

猪仔岭及海蚀平台，猪嘴部分为人工修复（黄庆坤、庞科玲　摄）

黑色火山岩层，主要由火山角砾岩、熔岩渣和熔岩块组成，这说明南湾火山早晚期都有一次较猛烈的岩浆喷发，因岩浆喷发而被抛射到空中的火山角砾、岩块、火山弹

海蚀平台散落的火山弹（钟雨云　摄）

黑色火山岩层（钟雨云　摄）

等坠落在尚未固结的基浪堆积物上，形成冲击坑，成为射气与岩浆喷发交相辉映的画面。

海蚀崖下倒石堆（钟雨云　摄）

　　从南湾港向西南远看，鳄鱼山犹如一只横卧在大海之上的鳄鱼，因而得名。鳄鱼山景区是整个涠洲岛火山地质景观的精华所在，在这里可以看到海蚀拱桥、火山弹冲击坑、海蚀柱、海蚀墩等地质遗迹，是观赏火山岩与浩瀚海洋的绝佳去处。

海蚀崖下倒石堆与海蚀平台（钟雨云　摄）

涠洲岛火山口海蚀地貌景观（马红专　摄）

涠洲岛海蚀洞（毛家平　摄）

涠洲岛海蚀崖（李闰　摄）

涠洲岛海蚀阶地（李闰　摄）

在涠洲岛西南方向的滴水村南岸边，有一个景点叫作滴水丹屏，寓"丹屏滴水，如诗如梦"之意。这里有一块巨大的崖岩，巨崖岩层上常年有水珠滴落，裸露岩层被富含氧化铁的渗水长期浸染，形成一片赤红，犹如一块巨大的赤色屏风。滴水丹屏浓缩了涠洲岛的自然景观，如沙滩、海浪、礁石、海蚀洞、火山熔岩轨迹等。同时，滴水丹屏是赏日落的最佳位置。在晴天的时候，傍晚时分，将落的太阳会绽放出一天中最后的灿烂，呈献出最绚丽的晚霞。

涠洲岛东海岸的五彩滩，是全岛日出最佳观赏点。景区入口处有一片细沙滩，白色的珊瑚、贝壳碎屑和灰黑色火山碎屑砂岩相间散落沙滩，犹如芝麻一般，故又称"芝麻滩"。

滴水丹屏（廖馨　摄）

滴水丹屏的晚霞（李闰　摄）

在五彩滩东侧海岸，宽厚层叠的火山碎屑沉积岩经历了裹着东南风的海浪长年累月的冲刷、侵蚀，形成了规模罕见的海蚀洞、海蚀崖、海蚀平台"三位一体"的海蚀地貌景观。

在涠洲岛南部和西部海岸发育有 20 ～ 50 米高的海蚀崖，崖面耸立，蔚为壮观。退潮时可见宽几十米甚至上百米的海蚀平台，平坦而宽阔，还可以见到一条又一条的海蚀沟。在海蚀崖与海蚀平台的交界处，形态各异的海蚀洞随处可见。

五彩滩东侧海岸海蚀洞、海蚀崖、海蚀平台"三位一体"的海蚀地貌景观（梁祝筐　摄）

退潮后潮间带的礁石上会留下一个个小水坑。残留有潮水的水坑被称为潮池，里面通常生活有一些海藻、海螺、海葵和小鱼等。

海蚀平台上的坑洞（李闰　摄）

到涠洲岛旅游，在欣赏碧浪蓝天、感受椰林海风和饱餐美味海鲜之余，如果带着善于发现的眼睛，还会由衷感慨这里处处都记载着地球的历史和秘密，无愧国家地质公园的称号。

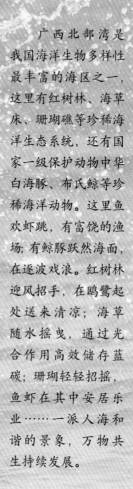

多样之海

　　广西北部湾是我国海洋生物多样性最丰富的海区之一，这里有红树林、海草床、珊瑚礁等珍稀海洋生态系统，还有国家一级保护动物中华白海豚、布氏鲸等珍稀海洋动物。这里鱼欢虾跳，有富饶的渔场；有鲸豚跃然海面，在逐波戏浪。红树林迎风招手，在鸥鹭起处送来清凉；海草随水摇曳，通过光合作用高效储存蓝碳；珊瑚轻轻招摇，鱼虾在其中安居乐业……一派人海和谐的景象，万物共生持续发展。

海岸卫士红树林

红树林并不是指某一种植物，而是一类生长于热带及亚热带海岸潮间带的木本植物的统称，是陆地向海洋过渡的特殊生态系统，通俗地说，红树林是可被海水间歇性浸泡的森林。全球共有真红树植物约 73 种，我国则有真红树植物 29 种、半红树植物 11 种。它们最典型的特征是能在海水中生长，涨潮时甚至整个树林都被海水淹没，因而被称作"海上森林"。红树林不仅是"海岸卫士"，还被称作"生命的摇篮""大自然的净化器"。

广西的红树林

根据相关研究，学者们认为红树林是被"赶"下海的陆生植物，在漫长的岁月中逐步适应了潮间带环境。根据化石记录，红树林最早出现在 7000 万年前。

在进化长河中，与陆生植物相比，红树植物物种增长速率要低得多。一些红树已灭绝种的化石证据，暗示了红树植物在历史上经历过多次物种灭绝事件。那么现今广西海岸的红树林起源于什么时候呢？

红树林自然保护区航拍图（林明程　摄）

　　距今 6000—5000 年时，广西北部湾海岸形成了接
近现代海岸带的沙坝 – 潟湖和溺谷湾。有了潮间带的合
适生境，才可能有红树林。因此，学者推断，红树林定
居广西的时间大约在 6000 年前。

　　我国的天然红树林分布在广东、广西、海南、福建、

台湾、香港、澳门等地，浙江是目前人工成功引种红树林的北界。在广西，红树林在沿海三市（北海、钦州、防城港）均有分布，主要分布在英罗港、丹兜海、铁山港、廉州湾、大风江、茅尾海、防城港东湾、防城港西湾、珍珠湾、北仑河口等海岸地带。

英罗港的红树林（潘良浩　摄）

廉州湾党江红树林（潘良浩　摄）

广西是我国红树林重要的分布省份，其红树林的面积究竟是多少，由于调查方法和统计标准的不同，各机构或者研究团队的结论不尽相同。根据 2019 年 4—6 月自然资源部、国家林业和草原局联合组织开展的红树林资源现状和适宜恢复地专项调查结果，广西红树林总面积约 9330 公顷，占全国红树林总面积的 32.7%，位居全国第二，仅次于广东。其中，广西红树林有约 4116公顷位于自然保护地（自然保护区，海洋公园、湿地公园等自然公园，不含红树林保护小区）内，其余位于自然保护地外。

广西建有 2 个国家级红树林自然保护区，占了全国的 1/3。

一个是广西山口红树林生态国家级自然保护区，它于 1990 年经国务院批准成立，是我国首批 5 个国家级海洋类型自然保护区之一。该保护区内分布着发育良好、结构典型、连片较大、保存较完整的天然红树林，其中有着在我国非常罕见的连片红海榄纯林。

另一个是广西北仑河口国家级自然保护区，它的前身是 1983 年原防城县人民政府批准建立的山脚红树林县级保护区，也是广西第一个以红树林为保护对象的保护区。1990 年，经广西壮族自治区人民政府批准晋升

广西山口红树林生态自然保护区内的红海榄（林明程 摄）

为北仑河口自治区级海洋自然保护区；2000 年，经国务院批准晋升为国家级自然保护区。该保护区内生长着的我国大陆海岸连片面积最大的红树林，是典型的海湾红树林和罕见的平均海平面以下大面积的红树林。

此外，广西的红树林自然保护地还包括 1 个省级自然保护区、1 个国家海洋公园、1 个国家湿地公园和 6 个红树林自然保护小区。

广西是我国红树林科研工作开展较早的省份。20 世纪 80 年代初期的全国海岸带和滩涂资源综合调查拉开了广西红树林研究的序幕。

从植物种类来看，广西红树林包括白骨壤、桐花树、

珍珠湾红树林湿地（邱广龙　摄）

秋茄、红海榄、木榄、海漆、榄李、卤蕨、老鼠簕、小花老鼠簕等 10 种原生真红树植物，无瓣海桑、拉关木 2 种外来真红树植物，以及苦郎树、阔苞菊、黄槿、杨叶肖槿、海杧果、银叶树、水黄皮、钝叶臭黄荆等 8 种半红树植物。

红树里的单宁

那么，科学家们对红树林开展了哪些研究？红树林的特征和作用又是怎样的？

去过海边的人们可能会有疑问：红树林明明是绿油油的，为什么叫它们"红"树林呢？原因是红树植物中的很多成员都属于红树科（Rhizophoraceae），这些红树科植物的树皮中富含一种叫作单宁的物质，切开树干表面或树干、树枝断了以后，单宁与空气接触后会被氧化为红色，红树林由此而得名。

很多年前，东南亚的人们就知道用红树林的树皮来提取红色染料。这也是红树林英文名的由来：mangal（西班牙语：染料）+ grove（小树林）= mangrove（红树林）。

当然，红树植物的单宁肯定不会是为了给人类做染料而存在的。那么，为什么红树植物的树皮里会含有单宁呢，它的存在有什么意义和作用呢？

单宁是一种天然的酚类物质，又称为单宁酸、鞣酸。它广泛存在于各类植物的种子、树皮、树干、树叶和果皮中。削了皮的苹果、柿子，在空气里很快变成褐色，

红树植物的单宁（钟云旭、陈鹭真、廖馨 摄）

这和红树植物削开树皮后变红是一个原理。很多食物里的微苦、微涩味道就是单宁引起的，如没熟透的柿子吃起来会有涩涩的感觉，葡萄酒略带苦涩味。

虽然很多植物中都有单宁，但是相比之下，红树植物中的单宁含量特别高。

葡萄酒的颜色越深，单宁含量越高，反之就越低。这点对红树植物来说也是一样的。不同种类的红树植物树皮揭开后，形成的红色的程度是不一样的，可以根据红色的深浅来大致判断单宁含量的高低。红树植物中单宁含量最高的是角果木，含量高达 30%；多数红树植物的含量在 10% ～ 20% 之间；桐花树和海漆略低，不足 10%；而白骨壤仅 0.3%。

单宁在植物中的作用主要有以下几种：一是单宁的涩味可以降低植物被植食性动物吃掉的概率；二是单宁可以抵抗细菌，增强植物的抗病性；三是单宁对紫外光吸收能力强，可以保护植物免受紫外辐射的损伤，这就是为什么有些植物在夏天被日晒过多就会蔫头耷脑，而有些植物就很适应热带、亚热带的酷暑。

对于红树植物，单宁还起着其他作用。

一是可以帮助红树植物抗盐。作为被"赶下海"的植物，红树植物们并不是天生就爱那咸咸的海水。研究表明，单宁具有很强的络合性和螯合性，能够结合植物体内过量的盐离子，沉淀转化为对植物无害的物质。当然，红树植物抗盐可不只依赖单宁的这一种手段。一些红树植物通过根系拒盐的方式来排斥盐分。例如，把秋茄的板状根切开后，会发现其内部结构很像净水器里的过滤器件，有很多小孔洞，这些小孔洞可以过滤掉大部分的盐分。还有些红树植物通过"盐腺"来泌盐，也就是可以通过盐腺把吸收到体内的盐分排出体外，典型的有白骨壤和桐花树。有意思的是，白骨壤的盐腺长在叶片背面，而桐花树的盐腺长在叶片正面。

二是单宁可以帮助红树林凋落物分解。红树植物凋落物产量大，占总初级生产力的30% ～ 60%。凋落物中的叶子、果实等富含单宁，在微生物分泌的酶以及光照的作用下，凋落物中的单宁被降解成短链脂肪酸、水、二氧化碳等物质，这些小分子物质会继续在生态系统中

白骨壤叶背泌盐现象（潘良浩　摄）

进行能量循环。这也是红树林具有高归还率和高分解性的特点的原因。

从上述的各种作用来看，单宁是红树植物的好伙伴，富含单宁是红树植物适应热带、亚热带海洋环境的秘密武器之一。

红树的本领

如果红树植物的"武器"只有富含单宁和抗盐机制，那它们可经受不了常年高温、强光、大风的恶劣环境（对植物来说）。潮间带土壤在海水和红树林凋落物的影响下，具缺氧、酸性强、有机物含量高的特点。为了适应独特的环境，红树植物还练就了其他的"真本领"，如"胎生"现象、"光休眠"现象、生长复杂根系等。

植物的种子在萌发的时候需要充足的水分和氧气等条件。红树林生活在潮间带，土壤缺氧高盐，不利于种子的发芽；且潮水间歇性影响也不利于种子的固定和生长。因此，红树植物发展出了它的第一大本领——适应潮间带生活的"胎生"机制。

红树林中很多植物的果实成熟后并不离开母体，种子没有休眠期，而是继续吸取养分并在果实中萌发，长成棒状的胚轴。胚轴发育到一定程度后，突破果皮，形成笔状的胎生苗，再脱离母树，掉落到海滩的淤泥中，通常在数小时至数天内就能生根、固着，自然定植为新株。这种胎生现象叫作"显性胎生"，最典型的是红树科的秋茄、红海榄、木榄等。其中，秋茄树的胎生苗因为像一支支垂挂在枝杈间的笔，所以它在台湾还有一个可爱的俗称——水笔仔。

桐花树开花时为伞形花序，花谢后种子在植株上发育成胎生苗。胎生苗弯曲如新月形，顶端渐尖，簇在一起，像极了一把青翠欲滴的小辣椒，因此桐花树的胎生苗又被称为"红树林小辣椒"。

胎生苗的比重比海水小，未能及时扎根在淤泥中的胎生苗可随着海流在海上漂流数个月，甚至到几千千米外的海岸扎根生长。

红树林胎生繁衍（胚轴：潘良浩 摄）

秋茄胎生苗（潘良浩　摄）

桐花树胎生苗（廖馨　摄）

那么在海上漂流的胎生苗，为什么不会发芽呢？这就又依赖于红树植物的第二大本领——"光休眠"现象了。胎生苗根端感觉到有亮光时就选择"关门"不发芽；而当胎生苗随波逐流被推到岸边，根端接触到土壤并感觉到黑暗时，生根发芽的"开关"就打开了。

红树植物的第三大本领，就是生长复杂多样的根系。潮间带风强浪大，银叶树和秋茄的板状根、红海榄和正红树的支柱根、海漆的网状表面根等有利于抗击风浪和固定植株。此外，潮间带沉积物含氧量低，海桑属红树植物的笋状呼吸根和木榄的膝状呼吸根、白骨壤的指状呼吸根等密被皮孔及通气组织，起到呼吸和传输氧气的作用，以保证其生存所需的氧气和呼吸需求。除了前述的拒盐和有助呼吸，红树植物的特殊根系还起到积聚泥沙、抬高滩涂的作用。

秋茄的板状根（潘良浩 摄）

红海榄的支柱根（廖馨　摄）

木榄的膝状呼吸根（潘良浩　摄）

白骨壤的指状呼吸根（潘良浩 摄）

当海啸、台风来临的时候，红树植物用其特殊的根系、葱郁的树冠减慢水流速度，削弱波浪的能量，从而起到消浪护岸的作用，像天然屏障一样守护着沿海居民，因此被誉为"海岸卫士"和"消浪先锋"。

红树林湿地的生物多样性

红树林湿地是连接海洋和陆地的枢纽，其复杂的根系为各种海洋和陆地生物创造了独特而复杂的栖息地和安全的庇护所；同时，大量的凋落物经过微生物的酶解，给底栖动物提供了丰富的食物来源。

红树林是生物多样性最为丰富的海洋生态系统之一。目前在红树林湿地记录到的生物物种（包含藻类、微生物）超过 3000 种，几乎涵盖了所有的动植物门类。

红树林湿地是很多海洋生物的"托儿所"和"幼儿园"，数不清的鱼虾蟹贝在这里生活繁衍。红树林湿地中产出的物种里，有 100 多种是广西沿海人民餐桌上的传统美食，如中华乌塘鳢、大弹涂鱼、对虾、青蟹、牡蛎、文蛤、青蛤、可口革囊星虫（俗称"泥丁"）等。可以说，红树林湿地以一己之力极大地丰富了北部湾人民鲜美的生活。

红树林里丰富的底栖动物吸引了众多的鸟类。据记载，广西的红树林里有约 400 种鸟类，其中不乏国家一级和二级重点保护野生动物。它们有些是本地的留鸟，在红树林里筑巢、繁殖后代；有些是行色匆匆的候鸟，把红树林作为漫长迁徙旅途中的歇脚地和补给站。

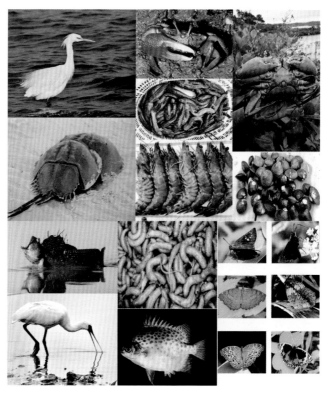

红树林生态系统的生物多样性

红树林里白鹤成群（钟雨云 摄）

防城港东湾红树林（潘良浩 摄）

明清时期的《廉州府志》记载，历史上，北海沿海合浦白龙珍珠城、南康福成一带都有老虎出没。虽没有确切记载是生活在红树林里的老虎，但也可以想象得出，当初的北部湾沿海生态环境良好，森林覆盖率高，给老虎提供了繁衍生息之所。

红树林能固碳增汇

红树林能够捕获与储存大量的碳并永久埋藏在沉积物里，是地球上固碳效率最高的生态系统之一，也是蓝碳（海洋碳汇）的重要组成部分。人们将陆地植物碳汇称为"绿碳"，而将海洋碳汇称为"蓝碳"。与绿碳相比，蓝碳封存时间长，捕获效率高。红树林湿地就是一个"蓝碳高手"，它们吃得多、吐得少。

植物通过光合作用吸收二氧化碳后，一部分的碳用于植物的生长，储存在植物体内，这是红树林的"生物固碳"；另一部分的碳会输送到植物根部，而红树林的根系发达，地下部分占植株总重的60%，植株死亡后会随着海岸沉积的淤泥填埋到深处，从而将碳长期保留，这是红树林的"土壤固碳"。

此外，红树林还可以拦截海水、河水中的悬浮物，帮助净化海水水质，拦截下来的有机物颗粒中的碳则会在红树林湿地里沉积、堆埋。

红树林的固碳能力比陆地森林要高 2 ～ 10 倍，而热带原生红树林的固碳能力是同面积亚马孙雨林的 6 倍。可以说红树林是固碳界的翘楚，担当得起"蓝碳明星"的称号。

红树林净化水质的过程示意图

我国在 2020 年提出了"碳达峰"与"碳中和"（简称"双碳"）目标。要达到"双碳"目标，除实施节能减排的"节流"措施外，还要通过"开源"手段，提升森林、草原、湿地、海洋等生态系统的碳汇增量。红树林在固碳方面有着优异禀赋，将在我国实现"双碳"目标的战场上大放异彩。

2017 年，习近平总书记到广西北海考察时，在北海金海湾红树林生态保护区作出了"一定要尊重科学、落实责任，把红树林保护好"的重要指示。习近平总书记的视察和重要指示，是对广西红树林保护和研究的现有成果的肯定，更是对进一步推进红树林保护研究工作的殷切希望。

在建设人与自然和谐共生的中国式现代化过程中，我们应尊重科学，汇聚多方力量，让红树林成为美丽中国的闪亮名片。

红树林守护了海洋，让我们来守护红树林！

防城港西湾红树林（潘良浩　摄）

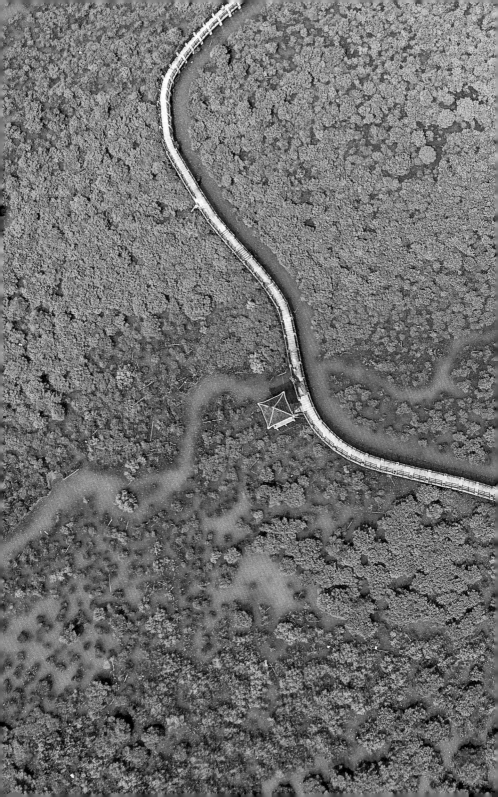

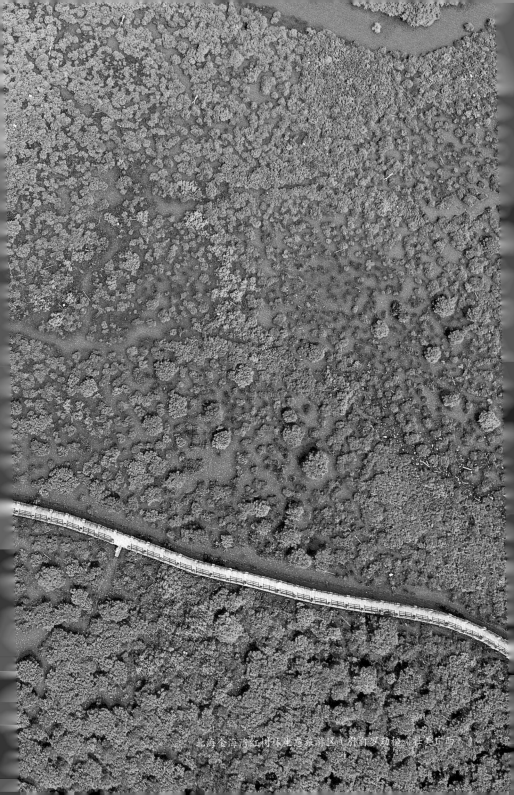

北海金海湾红树林生态旅游区（剪自罗劲松《走美广西》）

海洋之肺海草床

2022 年 5 月，联合国大会宣布每年的 3 月 1 日为世界海草日（World Seagrass Day）。2023 年 3 月 1 日是第一个世界海草日。

海草是什么？海草是由陆生植物演化而来，发展到完全适应海洋环境的程度，是地球上唯一一类可以完全生活在海洋中的单子叶被子植物。海草通常分布于沿岸的潮间带或潮下带浅水区，大多数种类的海草生活在 0～6 米深的浅海。

35 亿年前，地球上最早出现的植物——蓝藻在海洋里诞生。志留纪（距今 4.44 亿—4.20 亿年）时期，海生藻类的种类逐渐丰富。志留纪末期，植物们纷纷"登陆"。而在白垩纪（距今 1.45 亿—0.66 亿年），海草的陆生植物祖先再次返回海洋。

科学研究发现，海草叶绿体蛋白编码基因的进化速度比陆生单子叶植物快，这说明海草承受了更大的环境压力。

科学家通过基因组测序的相关研究，发现海草为了适应水下环境，在漫长的进化衍变过程中，具备了独特的基因表达模式。与陆生单子叶植物相比，海草没有气孔基因、一些化合物合成基因、一些激素信号传导基因、紫外保护基因及感受远红外光的光敏色素基因，反而具有一些独特的基因，如调节离子代谢、营养吸收、气体交换的相关基因，以帮助其自身能够适应高盐、高渗透压的海洋环境。

独特的基因表达模式使海草具有独特的形态和生理特性。例如，海草进化出根状茎，让各个个体可附着在海底交织生长以巩固植株。又比如说，海草虽然失去了陆生被子植物常见的气孔，但是进化出了通气组织，可以适应水下的低氧环境。

海草还进化出区别于陆生植物细胞壁的组成成分。海草的细胞壁成分和大型海藻类似，含有低甲基化果胶及硫酸半乳聚糖，这些成分对水下植物维持离子稳态、摄取营养物质，以及通过叶片表皮细胞进行氧气和二氧化碳的交换等都很重要。

海草和海藻虽只有一字之差，但很容易混淆。海草是高等植物，有根、茎、叶的分化，可以开花结果。而

海草是高等植物，可以分化出花果（邱广龙　摄）

海藻属于低等的藻类植物，没有根、茎、叶的分化，也不会开花结果，而是依靠孢子繁殖。

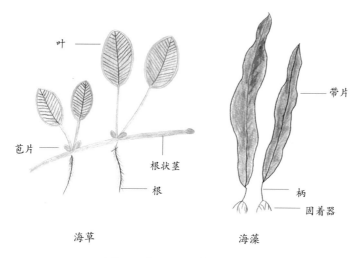

叶

苞片

根状茎

根

带片

柄

固着器

海草   海藻

海草与海藻的区别（廖馨　绘）

餐桌上常见的海带、紫菜、裙带菜都属于海藻，它们富含甘露醇、氨基酸、粗蛋白、维生素等物质，营养价值很高。有一些海藻富含海藻胶，如石花菜、江蓠等，可以用来提炼琼脂，我们生活中常见的果冻就是用这些藻类的提取物做成的。

那么海草可食用吗？因为海草纤维太强韧，口感不好，所以人类很少食用海草，更多的是把它用于肥料和渔业。有些海草的种子可食用，如海菖蒲的种子，吃起来有类似板栗的口感。

在我国胶东半岛沿海地区的威海、烟台、青岛等地，海草还有一种特殊的用处。当地的居民以石为墙、以海草为顶来建造海草房，这种建筑风格已经有 1000 多年的历史。当地人采摘大叶海草等种类的海草，晒干后覆盖在屋顶上。胶东海草房冬季防寒保暖，夏季防雨防潮，展现了独特的地域文化，也侧面反映了历史上胶东半岛地区海草成片的盛况。

山东威海的海草房（邱广龙　摄）

　　一株海草虽然渺小，但是大面积的连片海草就被称为"海草床"。

　　海草在全球分布广泛，除南极外，全世界各大洋沿岸海域都有它的踪影。目前，全球得到公认的海草种类有 72 种，我国现有海草 16 种，约占全球海草种类数的 22.2%。

　　我国海草床分布区可划分为两个大区：南海海草床分布区和黄渤海海草床分布区。

南海海草床分布区包括海南、广西、广东、香港、台湾和福建等沿海区域。其中，海南海域的海草种类最多，卵叶喜盐草和泰来草在南海分布范围最广。

卵叶喜盐草（邱广龙　摄）

广西的海草主要分布在北海市铁山港、沙田、丹兜海和防城港珍珠湾等地，主要海草种类有卵叶喜盐草、日本鳗草（原名矮大叶藻）和贝克喜盐草。

在一首网红歌曲《海草舞》中，歌手唱道："像一棵海草海草海草海草，随波飘摇；海草海草海草海草，浪花里舞蹈。"这首歌的作词、作曲兼演唱者是广西北海市合浦县人萧全，歌中描述的海草就是分布在合浦沙田的日本鳗草。

黄渤海海草床分布区包括山东、河北、天津和辽宁等沿海区域。其中，鳗草分布范围最广。

海草床是生产力与生物多样性最丰富的生态系统之一，与红树林、珊瑚礁并称为地球上三大典型的近海海洋生态系统，具有重要的生态价值。野外调查发现，在红树林区域外的海草床生长较好、分布较广，原因在于红树林的根系能减缓海流的速度并促使泥沙沉降，所以红树林外的海域海水质量高，较为清澈，适合海草的生长。

　　同时，海草床可以提高沿海水域的pH值（酸碱度）。海洋酸化是科学家们正在研究的一个全球性难题。由于海洋吸收了大气中过量的二氧化碳，海水正在逐渐变酸。海洋酸化会导致珊瑚礁和其他有壳生物的钙化率降低。而海草床通过消耗水中的二氧化碳来减轻海水的酸化，默默地帮助珊瑚礁抵抗海洋酸化的威胁。所以，红树林、海草床和珊瑚礁是生态联通的"好伙伴"。

海草床（邱广龙　摄）

海草床生态系统具有极丰富的生物多样性，这得益于海草床里的复杂生境。海草床生态系统里包括底栖生物、附生生物、浮游生物、游泳生物和各种微生物。海草床能为各种鱼类、甲壳类动物、软体动物等提供栖息地、庇护所和育幼场。

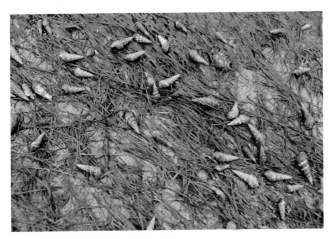

海草床上的软体动物（邱广龙 摄）

海草床还能为很多海洋动物提供食物，来此觅食的动物包括儒艮、海牛、绿海龟等。

海草床里鱼儿成群（邱广龙 摄）

除红树林外，海草床也是贡献蓝碳的主力选手之一。海草床因其强大高效的固碳能力，被称为"海洋之肺"。

一方面，海草通过光合作用吸收来自阳光的能量，把二氧化碳和水合成富能有机物，同时释放氧气。在这个过程中被固定的碳，有一部分会被运输到地下茎和根部储存起来。另一方面，海草像"海洋净化器"一样，吸收水体中的有机物、重金属、氮、磷等物质。同时，海草的叶片互相交错，空间结构复杂，可以截获、吸附大量的有机悬浮颗粒，并促使它们沉积到海底，长期埋藏于沉积物中。封存在海草床沉积物中的有机碳长期处于厌氧状态，其分解率比储存在陆地土壤中的有机碳低，这样吸收多、分解少，能够"固定"的碳就多。海草床分布的面积不足海洋总面积的 0.2%，但单位面积的固碳量却是陆地森林的 2 倍以上，是全球重要的碳库，海草床有机碳储存量约占全球海洋总有机碳储存量的 10%。全球海草床生态系统的有机碳存储可达 19.9 亿吨，其中海草床底质中碳的储存量高 4.2 亿～ 4.8 亿吨。以红树林、盐沼、海草床为代表的滨海湿地生态系统具有很高的固碳效率，近年来日益受到关注。我国政府和科研团队正在各个海域努力探索，挖掘海洋的固碳潜力。

海草床还有着防浪护岸的作用，不仅可通过叶片的阻挡作用减缓潮流流速并拦截泥沙、珊瑚屑等，还可通过根系黏聚等作用来稳固近海底质，从而防止或减缓海滩和海岸的流失和侵蚀。

总之，海草床在支持生物多样性、缓解气候变化、净化海水水质、保护海岸线等方面都具有重要作用。

广西北海市合浦县沙田镇境内碛洲沙海域西侧的海域是我国历史上儒艮栖息数量最多的地方。20世纪50年代以前，这里有1000多头儒艮。但后来，随着人们的过度捕捞以及海草退化，1975年后儒艮在我国境内的种群迅速崩溃。1988年，儒艮被列为国家一级保护动物。1992年成立广西合浦儒艮国家级自然保护区，面积350平方千米，是迄今我国唯一的儒艮保护区。然而，自保护区成立以来，并没有发现儒艮在保护区内活动的实质证据。

儒艮

碛洲沙滩涂的海草种类为卵叶喜盐草，是儒艮最喜欢的食物。海草是儒艮生存的关键，一只儒艮每天要吃掉四五十千克的海草。可想而知历史上碛洲沙海域的海草床是何样的盛况，此海域堪称儒艮的天然牧场。

　　然而，据调查发现，碛洲沙的海草床正在急剧退化。是什么造成了碛洲沙海草床的快速退化呢？

　　我国南方广泛分布的卵叶喜盐草、贝克喜盐草等海草，因为植株和叶片均较小，所以在退潮时很不起眼且易受沉积物掩埋。当地居民到滩涂上挖沙虫泥丁、挖螺

沙滩上有小小的贝克喜盐草（廖馨　摄）

赶海的群众驾驶摩托车在海草床上"飞驰"（邱广龙　摄）

耙贝时，海草很容易受到人类活动无意识的破坏。

海岸带工程、高压水枪挖沙虫、毒鱼虾、电鱼螺虾、炸鱼、底拖捕捞等渔业行为，以及海区富营养化污染等，更是加速了海草床的退化。

2022年，有学者在学术论文中判断儒艮在中国已经功能性灭绝。儒艮是否能重回我国，重回北部湾海域，保护海草的工作至关重要。

所幸，海草的保护和修复逐步受到关注，保护和修复活动正在开展。合浦儒艮国家级自然保护区和北仑河口国家级自然保护区也把保护区内的海草纳入保护对象范围。

但是，有记录的海草床中只有26%属于海洋保护区，而40%以上的珊瑚礁和43%以上的红树林属于海洋保护区，相比之下，海草的"保护区"还远远不够。人工增殖是挽救快速消失的海草床的手段之一。由于海草既能通过有性种子繁殖，又能通过无性横走茎繁殖，海草的人工增殖方式主要有两种——播种法和移植法。在科学家们的努力下，广西开展了一些小面积的海草床人工修复试验，并取得了一定的成效。

希望在不久的将来，能在合浦儒艮国家级自然保护区看到海草在清澈的海水里摇曳，儒艮在悠闲地进食的场景。

海上长城珊瑚礁

在海底世界，珊瑚礁享有"海上长城"和"海洋中的热带雨林"的美誉，它被认为是地球上最古老、最多姿多彩，也是最珍贵的生态系统之一。

珊瑚礁

珊瑚礁（周浩郎 摄）

珊瑚礁的主要组成——石珊瑚，可分为造礁石珊瑚和非造礁石珊瑚（或深水石珊瑚）两类。我们通常熟知的是浅水造礁石珊瑚，它们通常分布在南北纬30度之间、水深不超过40米（个别种类分布深达60米）的浅海热带。我国造礁石珊瑚主要分布在南海岛礁、海南岛以及广东、广西、福建、香港和台湾的沿岸地区。

珊瑚礁由造礁石珊瑚生长发育而来，但有造礁石珊瑚的地方却不一定有珊瑚礁。华南地区分布有能称为珊瑚礁的仅有广西涠洲岛和广东徐闻，其他地区如广东大亚湾和福建东山，虽有造礁石珊瑚但并不能成礁，只能称为造礁石珊瑚群落。

涠洲岛是华南沿海主要的珊瑚分布区，属北部湾内珊瑚礁分布的北缘，位于中国和越南珊瑚礁分布区的边界区域，是广西唯一发育成礁的珊瑚礁分布区。涠洲岛沿岸珊瑚礁分布的岸线长约19.84千米，分布面积约为28.5平方千米，占广西珊瑚礁总面积的97.5%。涠洲岛海域造礁石珊瑚种类 40 多种，约占我国全部造礁石珊瑚种类 400 余种的 10%。

　　广西除涠洲岛分布有珊瑚礁外，防城港江山半岛（白龙半岛）也有造礁石珊瑚分布。江山半岛是一个珊瑚礁和造礁石珊瑚群落的分界线，这里以北的珊瑚分布区皆为造礁石珊瑚群落，而以南为珊瑚礁分布区。在地理上，这里的珊瑚也是中国和越南珊瑚分布区的分界线。

珊瑚是动物

　　地质学上，珊瑚礁是指以造礁石珊瑚的石灰质骨骼为主体，与珊瑚藻、仙掌藻、软体动物壳、有孔虫等钙质生物堆积而形成的一种岩石体，主要成分为碳酸钙。

　　珊瑚可以成礁，所以很多人觉得珊瑚是石头。例如，在广西和海南，人们称珊瑚为"海石花"。也有人觉得珊瑚是植物，因为常常看到它们和海草、海藻等一起固着生活在海底，还像树一样分出枝杈。

小鱼在珊瑚与海草间游动（邱广龙　摄）

那么珊瑚到底是什么呢？珊瑚是属刺胞动物门珊瑚虫纲的一类动物。从分类学角度看，珊瑚通常分为两种，一种是造礁珊瑚（石珊瑚），另一种是非造礁珊瑚（软珊瑚）。石珊瑚在生长过程中可以形成珊瑚礁，而大多数软珊瑚则不能。

我国有造礁石珊瑚 2 个类群 16 科 77 属 445 种。石珊瑚的物种多样性从南往北呈现减少趋势。南沙群岛的造礁石珊瑚物种数量最多，有 386 种，而在福建仅有 7 种。

作为动物，珊瑚虫可以以有性生殖的方式繁殖后代。大多数珊瑚虫是雌雄同体，待天时地利人和的时候，珊瑚虫个体分别将精囊和卵囊释放到水中。生殖细胞囊膜破裂后，与其他珊瑚虫个体的性细胞交换受精，形成受精卵，并发育形成浮浪幼虫。浮浪幼虫表面有小纤毛，可以游动，也会随浪逐流，找到一片固定的表面附着下来，然后发育成水螅形体。水螅形体的珊瑚虫像朵可伸缩的小花，只在顶端有一个开口。口的周围环绕着一圈或数圈触手，用于捕食小动物。石珊瑚的触手数量通常是 6 的倍数，属于六射（放）珊瑚亚纲；而软珊瑚的触手数量则是 8 的倍数，属于八射（放）珊瑚亚纲。

有意思的是，海底的另一类动物海葵，和软珊瑚形态相似，但因为它们的触手数量通常是 6 的倍数，所以被纳入了六射（放）珊瑚亚纲。

珊瑚虫在固着之后，也可以以出芽的方式进行无性生殖，芽形成后不与水螅形体分离，新芽不断生长，形成群体，最终就形成珊瑚群体。这个珊瑚群体里的珊瑚虫基因几乎完全相同。这些珊瑚虫很小，每只珊瑚虫的直径或者高度在几毫米至几厘米之间。在造礁石珊瑚的活组织底下是钙质骨骼，这些骨骼是由珊瑚虫不断堆积碳酸钙而形成。

数一数这是几射珊瑚？（张一云　摄）

那么这些固定的珊瑚虫要怎么吃东西呢？别担心，珊瑚虫自有它的生存本领。别看珊瑚虫小小的，它吃的食物还挺丰富。一般情况下，珊瑚不会移动，但水流会将微藻、细菌、原生生物、浮游动物、碎屑和溶解有机物等送到它身旁任其取食。珊瑚虫的触手能分泌黏液，当其与食物接触的时候，触手马上黏住食物并送入口中。还有一些珊瑚虫可以利用触须上的刺细胞对游泳动物进行毒素攻击，然后再将麻痹的猎物送进口饱餐一顿。

有些种类的珊瑚 90% 以上的营养和能量是通过虫黄藻获取的。珊瑚和虫黄藻是一种互利共生的关系，类似于房东和房客的关系。珊瑚礁给虫黄藻提供住处，虫黄藻通过光合作用为珊瑚提供氧气、葡萄糖等光合作用的产物作为能量来源。而珊瑚虫呼吸排出的二氧化碳则是虫黄藻光合作用的原料。珊瑚虫排泄物中的氮、磷等物质，也直接成为虫黄藻的营养来源。虫黄藻的各种颜色的呈现也给珊瑚带来了斑斓的色彩。

珊瑚礁生态系统

造礁石珊瑚适宜生长的温度在 20～30 ℃之间，18 ℃以下的低温和 30 ℃以上的高温对于绝大多数珊瑚虫来说都是不利的环境，会引起珊瑚白化或死亡。因此，珊瑚被视为全球气候变暖最敏感的"监视器"之一。当夏季海水温度持续异常升高并超过一定阈值时，虫黄藻便开始大量逃逸。珊瑚会失去色彩，露出白色的骨骼。这时，失去了虫黄藻的白化珊瑚还可以通过摄食底栖藻类等来暂时补充营养、维持生命。短期内如水温能恢复正常，虫黄藻则会搬回来，继续繁衍；但如果环境压力一直得不到缓解，珊瑚将会彻底失去共生的虫黄藻，继续白化至死亡。

2020 年 7—9 月，由于南海北部出现破纪录的异常高温，海南岛西北部海域出现大片珊瑚白化，有学者称其规模和白化程度史上罕见。雷州半岛西部和广西涠洲岛等区域也发生了大面积的珊瑚白化。涠洲岛附近的珊瑚白化程度虽然没有海南的高，但是所有的造礁石珊瑚种类都出现了白化现象。

珊瑚白化（林明晴　摄）

　　大家常说的珊瑚礁其实并不只是造礁石珊瑚生物群
体，也不只是地质概念的礁石，而是指以珊瑚礁岩体和
造礁石珊瑚群体为依托而发育形成的海洋生态系统。珊
瑚礁形成的无数洞穴和孔隙是众多海洋生物的栖息地，
为许多鱼类和海洋无脊椎动物提供产卵、繁殖和躲避敌
害的场所，具有极丰富的生物多样性。珊瑚礁生态系统
是地球上生物多样性最丰富、生产力最高的典型生态系
统之一。全球珊瑚礁面积仅约占海洋总面积的 0.2％，
却孕育了 30％ 的海洋生物。

珊瑚礁生态系统场景（周浩郎 摄）

珊瑚礁鱼类主要生活在绚丽多彩的珊瑚礁海域，如果它们像淡水或其他海域的鱼类那样是黑灰的体色，反倒会成为显眼的存在。于是，珊瑚礁鱼类为了适应多彩

以小丑鱼为代表的珊瑚礁鱼类，五彩斑斓，深受水族玩家的喜爱（廖馨 摄）

的环境，在皮肤上进化出了很多色素细胞。不同的色素细胞带来了不同的体色，这些体色也成了它们的保护色。

珊瑚礁区除鱼类外，还生存着诸多门类，如棘皮动物海参、海星，甲壳动物螃蟹和虾，软体动物贝类等。珊瑚礁区的生物多样性也堪称舌尖上的多样性，为沿海居民提供了丰富的食材。

珊瑚礁里的海参（刘成辉　摄）

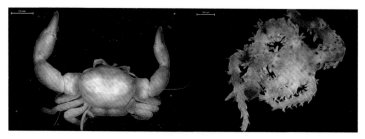

左为生活在珊瑚礁孔隙内的节肢动物——肥胖多指瓷蟹，右为涠洲岛常见的隐居生物——棘皮动物蛇尾（刘劲玲　供）

珊瑚礁与人类的关系

珊瑚礁除提供了丰富的生物多样性，还为海洋生态系统和人类社会提供了各种各样的好处。珊瑚礁表面附着的藻类等，是重要的海洋饵料，吸引着众多海洋鱼类在此繁衍生息，是渔业、海产品重要产地。珊瑚礁中的许多生物具有潜在的药用价值，包括抗癌、抗病毒和抗菌等。珊瑚礁也是一些工业产品和新型海洋药物的原料宝库。

珊瑚礁的构造，就像天然的防波堤一样，可以阻滞海潮，减少海浪能，保护脆弱的海岸线和人类生命财产安全。

当然，珊瑚礁也是重要的旅游资源。珊瑚礁的美丽景色给沿海旅游加分甚多，吸引了大量的游客前去观光和潜水，为当地经济发展做出贡献。

因此，珊瑚礁在维护海洋生态的平衡和稳定、维持渔业经济和保障生物多样性等方面都有着重要的意义。

如果说人类破坏红树林和海草床，是因为没有充分认识到这两个生态系统的功能，而给经济利益让步的话，那么珊瑚礁受到的破坏，反而是源于人类对珊瑚的喜爱和认识了。

红珊瑚自古即被视为富贵祥瑞之物，是身份和财富的象征。西晋时期"石王斗富"的故事里，两个富豪开展了激烈的财富比拼，最终石崇因拿出了六七株高达三四尺的珊瑚而获得了胜利。在清代，官员会根据不同的官位在官帽上佩戴不同颜色和材质的珠子，二品官员佩戴红色的"顶子"，而这红色的珠子便是由红珊瑚制成。

人们对红珊瑚的情有独钟，导致了这种生长速度极慢的珊瑚资源急剧下降。红珊瑚也因此被列为国家一级保护动物。

除红珊瑚外，其他的造礁石珊瑚，虽没有那么光彩夺目的色彩，但也曾是市场上深受人们喜爱的工艺品原材料。十几年前的涠洲岛上，小贩们叫卖珊瑚工艺品可以说是一种普遍现象。

珊瑚礁因其丰富的生物多样性，吸引着渔民们去珊瑚礁附近寻找食物，但是渔民们有时为了一只海参、一只螃蟹就不惜翻开一块石珊瑚，"涸泽而渔"的劳作方式也加速了对珊瑚礁的破坏。

除人类的主动破坏外，全球气候变暖不断加剧、人类经济活动（城市发展、港口建设、滨海旅游等）的影响，也让珊瑚礁面临的威胁日趋增多。预计到2030年，全球接近60%的珊瑚将会死亡。

目前我国的珊瑚礁也面临着来自气候和人类活动因素的双重胁迫，现状不容乐观。据涠洲岛岛民们回忆，20世纪90年代以前，有时候退潮想要去珊瑚礁里捡些海产，会因珊瑚茂盛而难以寻找落脚之地。然而现在呢？自1990年以来，涠洲岛的珊瑚礁处于急剧退化之中，活珊瑚覆盖率快速下降的趋势十分明显。随着珊瑚礁的衰退，构成珊瑚礁生态系统的鱼类、甲壳类、软体类和棘皮类等生物类群的群落也处于衰退中，所支撑并依赖的海洋生物多样性也会衰退。如此，珊瑚礁自我修复能力必然下降，自然修复过程也必然漫长。

2020 年，国家发展和改革委员会、自然资源部发布文件，明确强调要重视珊瑚礁等具有典型生境退化趋势的生态系统的人工修复。2021 年，石珊瑚目所有种、角珊瑚目所有种、苍珊瑚科所有种、笙珊瑚科笙珊瑚以及竹节柳珊瑚科中的部分柳珊瑚正式成为国家二级保护动物。

涠洲岛的石珊瑚（王欣　摄）

加强珊瑚礁的保护刻不容缓！目前，我国沿海已设立众多以保护海洋生态资源为目的的海洋保护区，其中以珊瑚礁为主要保护对象的海洋保护区有 11 个。2012 年 12 月，国家海洋局批准在涠洲岛建立珊瑚礁国家级海洋公园，开始对涠洲岛珊瑚礁实施有组织的保护和修复。广西区内外的多个科研院所、志愿者组织及众多环保爱好者纷纷来到涠洲岛，进行珊瑚培育和移植的工作。

2015 年开始，国家生态修复资金陆续投入涠洲岛，并开展珊瑚礁专项生态修复工作。

珊瑚礁修复的主要手段包括无性繁殖技术（断肢培育、人工礁修复技术）、有性繁殖技术（人工收集受精卵）等。"种植珊瑚"在陆地上看起来简单，在海底实施却极具挑战性。但科研工作者们迎难而上，目前已取得了良好的工作进展。2018 年的调查显示，涠洲岛珊瑚退化速率有所减缓，活造礁石珊瑚覆盖率有所上升，并且移植的珊瑚已经出现自然繁殖的现象，修复区周边还出现了新安家的鹿角珊瑚。

海洋因珊瑚礁而更加五彩斑斓，让我们行动起来，让"海洋之花"重获盎然生机！

科研人员水下修复珊瑚（王欣　摄）

白海豚戏浪北部湾

　　每年的农历三月廿三既是妈祖诞日，也是我国首个专门以中华白海豚命名的宣传日——中华白海豚保护宣传日。

　　妈祖，俗称"海神娘娘"，是传说中掌管海上航运的女神。因为白海豚在农历三月海面风平浪静时容易被目击，那时又恰逢妈祖诞辰，所以福建和台湾的渔民把白海豚奉为"妈祖鱼"，把妈祖生日设为中华白海豚的保护宣传日。可以想象沿海居民对白海豚的喜爱，他们认为白海豚是妈祖的化身，能守护一方海洋的安宁。

　　中华白海豚身体修长，呈纺锤形，游泳迅速，喙突出狭长，背鳍突出，位于近中央处，所以归于鲸类的海豚科白海豚属。它和其他鲸鱼、海豚、儒艮、海牛等一样都属于海洋哺乳动物，也和人类一样体温恒定，有用肺部呼吸、怀胎产子及用乳汁哺育幼儿的行为。

　　"豚"在古代是猪的意思，所以白海豚又俗称"海猪"。三国时期有文记载"鱼兽似猪，东海有之"。据明代嘉靖年间编成的《钦州志》记载，"拜风，无鳞，大似海猪。望东跃则东风起，南跃则南风起，故名。"钦州当地的渔民，又把海豚称为拜风鱼。

　　中华白海豚是齿鲸类，现代鲸有颈但不明显，有前肢但呈鳍状，后肢完全退化。根据化石证据和解剖学知识，鲸类的祖先可能是属于偶蹄目的史前中兽类，它们生活在沿海和河流附近的环境中，就像现在的海狮、海豹一样。这些早期哺乳动物具有各种适应水生环境的特征，如类似于鱼鳍的肢体和适应水中环境的眼睛。

中华白海豚正在海面上捕食新对虾（北京大学崇左生物多样性研究基地　提供）

大约在距今5000万年的始新世早期，陆地上的环境渐渐变得恶劣，而水中的食物和掠食者比例却变得越发适合生存，于是目光长远的古鲸祖先们纷纷下海，进入了近岸的浅海里。

大约在距今3400万—2400万年的始新世晚期和渐新世早期，古鲸祖先们分化出了须鲸和齿鲸，而现代海豚的祖先也在这个时期出现。这些早期海豚类动物已经具备了许多现代海豚的特征，如流线型的身体、锥形头部和具有锯齿状牙齿的喙。

大约在距今 1000 万年的中新世，古代海豚进化得与现代海豚非常相似，从而分化出了海豚科。海豚科是鲸类中最大的一科，虎鲸等黑鲸类也属于海豚科，而鼠海豚科与独角鲸科，都是海豚科的近亲。

直到 200 多年前，瑞典的一位牧师彼得·奥斯贝克跟随"卡尔亲王号"商轮船从瑞典来到中国，在沿海看到了白海豚的身影。他在《中国和东印度群岛旅行记》中首次描述道："1751 年 11 月 27 日，在中国广州附近的一个河口，我看到了一条雪白色的海豚从我乘坐的船边游过，从所处的距离判断，除了体色白，其他与普

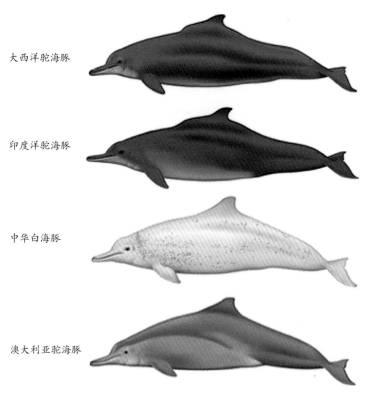

大西洋驼海豚

印度洋驼海豚

中华白海豚

澳大利亚驼海豚

中华白海豚及其近缘物种的外部形态比较

通海豚相当。"因最早在中国被发现，故科学界把中华
白海豚的拉丁名命名为 *Sousa chinensis*。

中华白海豚一生拥有不止一种肤色，是会变色的海
豚。刚出生的中华白海豚呈深灰色或黑色，深色体色是
一种免受其他捕食者攻击的保护色。随着年龄的增长，
少年时期它们的身体体积也快速增长，背部颜色会逐渐
变淡，变成灰白色。青年时期的白海豚体长接近 2 米，
这时它们的体色开始变白，随着年龄的增长还夹杂着白
色斑点。成年后白海豚斑点不断扩大，变成白色带有深
色斑点。当接近老年时，那些深色斑点不断退却，体色

少年时期的中华白海豚（北京大学崇左生物多样性研究基地　提供）

青年时期的中华白海豚（北京大学崇左生物多样性研究基地　提供）

成年时期的中华白海豚（北京大学崇左生物多样性研究基地　提供）

老年时期的中华白海豚（北京大学崇左生物多样性研究基地　提供）

几乎变成纯白色。

　　那沿海地区的人们看到的粉红色白海豚又是怎么一回事呢？其实粉红色并不是它们真正的肤色，而是成年中华白海豚在运动状态时血管膨胀散热而呈现出的颜色。

　　许多鲸豚类动物栖息在较深的海域甚至远洋，因此人们很少能寻觅到大型鲸豚的芳踪。而中华白海豚喜欢栖息在较大江河入海口所形成的咸淡水交界的浅海区域，很少进入深度超过 25 米的海域，甚至有时会进入江河中玩耍。

中华白海豚是社群生物，但不集成大群，常 3～5 只在一起，有时也单独活动。根据记录，中华白海豚组群平均为 4 只，最多可超过 20 只。中华白海豚性情活泼，喜欢跟随人类船只进行觅食活动，常在水面跳跃嬉戏。

中华白海豚是和白鳍豚一样被冠以国家一级保护野生动物头衔的海豚类动物，也是《濒危野生动植物种国际贸易公约》（CITES）附录中的Ⅰ类物种。世界自然保护联盟（IUCN）濒危物种红色名录将其定为易危等级。论珍稀程度，中华白海豚可谓"海中大熊猫"。

据估计，全球现共有中华白海豚 6000 多只，其中我国分布有 4000～5000 只。

我国的中华白海豚主要有厦门九龙江口种群、台湾西海岸种群、珠江口种群、广东雷州湾种群和广西北部湾沿海种群等几个地方种群。每个中华白海豚种群都像领了"居住证"一样，虽有时会去其他海域"旅游"，但还是有自己的常住领地。

科学家对我国不同种群的中华白海豚的体型特征和基因等方面进行研究发现，广西北部湾沿海中华白海豚种群是一个区别于我国其他沿海中华白海豚的独特地理种群。

这又要讲一个地质变迁的故事了。在距今约 2.5 万年的晚更新世晚期，第四纪末次冰期到来，全球气温急剧下降，大量的水被冻在冰河里，海平面大幅下降，为海退期。南海的多处海峡裸露出大陆架，导致南海处于封闭状态。因北部湾的强烈下陷，发生了由南向北前进的海进，使整个南中国海成为畅通无阻的海区。生活于其他群岛周边的白海豚中的一部分沿着南中国海的"高速公路"向北长途迁移，并不断沿海岸扩散至珠江口等地。而后，在距今 1.1 万年时，冰期结束，海平面又快速上升造成了全球性的海进。距今 6000—5000 年的时候，今日的北部湾终于形成了。原先退守南方的中华白海豚祖先，随着温暖而有鱼群的洋流，向北部湾迁徙而来。和红树林、海草床、珊瑚礁一样，中华白海豚也成了北部湾最早的"移民"。

北部湾的浅海养育着中华白海豚和沿岸的百姓（北京大学崇左生物多样性研究基地　提供）

20 世纪 60—70 年代，中华白海豚在广西北部湾沿岸分布甚广。北海的沙田海域、合浦海域，钦州的大风江口、三娘湾—犀牛脚海域、鹿耳环江口、金鼓江口、茅尾海，以及防城港北仑河口等海域，几乎都有中华白海豚的身影。

20 世纪 80 年代中期起，上述部分区域中华白海豚出现频率开始下降。特别是在 90 年代以后，防城湾、茅尾海、金鼓江、合浦白沙镇附近等海域只有中华白海豚搁浅记录，这与北部湾海域使用性质的变化、海域污染等息息相关。

2004 年，北京大学潘文石教授在钦州建立北京大学钦州（三娘湾）中华白海豚研究基地。随后，北部湾大学、广西科学院等科研院所也加入研究的队列。

钦州市根据专家的建议调整相关规划，从地理上划出了一条保护中华白海豚的生命线，作为海洋生态保护不可动摇的底线。钦州市政府展现出了即使以牺牲部分经济利益为代价，也要保护中华白海豚的决心。

目前，三娘湾—大风江海域是中华白海豚在广西北部湾最主要的栖息海域，分布范围涵盖三娘湾的大庙墩、大风江口以东至南流江口海域。目前，世界鲸豚专家研究认为，三娘湾—大风江海域的中华白海豚是目前全球最年轻、最有活力和最健康的种群。根据科学监测结果，三娘湾—大风江海域中华白海豚种群的个体数量已从 2004 年的 96 只增至 2020 年的 300 只左右。

2023 年，北部湾大学研究团队根据照相识别和种群估算技术，估算这一海域的中华白海豚种群大小介于 350 ～ 450 只之间。其中幼年个体占 14.18%、青少

年个体占 31.34%、成年个体占 44.03%、中老年个体占
10.45%，年龄分布较优，说明这是一个年轻的、有高生
产力的、有希望的群体。

　　作为食物链上层物种，中华白海豚可以被视为衡量
海洋生态环境的活指标。总体来看，中华白海豚仍面临
着若干生存问题，主要归纳为三个方面——栖息地衰减、
人为活动干扰、种群退化。

三娘湾的中华白海豚（北京大学崇左生物多样性研究基地　提供）

现代工业化进程极大压缩了中华白海豚的生存范围，诸如围填海工程、工业排污、海上交通及渔业捕捞等活动，导致了近海渔业资源快速衰退，使其面临食物短缺的隐忧。大量的海洋垃圾增加了中华白海豚的摄食风险，像DDT（双对氯苯基三氯乙烷）、PCBs（多氯联苯）这样的有害化学成分，以及铅、汞等重金属，也会在中华白海豚体内富集，成为致病因素。

如前文所述，中华白海豚活泼近人的性情及其近岸摄食偏好也为它们带来了各种意外，它们被船舶碰撞、渔网缠绕甚至是螺旋桨击打等情况屡见不鲜。

另外，中华白海豚搁浅事件数量始终居高不下，据珠江口中华白海豚保护区统计，2003年至2019年该保护区共处理各类鲸豚案件230起，其中中华白海豚案件186起。

如今中华白海豚的分布呈明显的斑块状分布，对于定居型物种而言，也就意味着种群封闭度较高，难以实现基因交流。遗传多样性的研究表明，中华白海豚的单倍型多样性和核苷酸多样性较低。这并不是一个好消息，地理隔离始终是造成中华白海豚群体分化孤立的一大因素。

中华白海豚的生存孤岛化已成为一个明显的危险信号，一个种群在缺乏对外基因交流的情况下往往摆脱不了消亡的命运，不少研究结果都指向了恶化的发展趋势。

中华白海豚作为近岸海洋生态系统的旗舰物种，具有重要的生态价值、科研价值和文化价值。关注与保护中华白海豚以及旗舰物种所在的栖息地、生态系统，对于保护整个海洋生物多样性至关重要。

　　我们要切实贯彻中华白海豚保护行动计划，只有当海豚生生不息，海洋生态系统才能保持可持续状态，我们人类才能年年有"渔"。保护海豚，也是在保护我们货真价实的"妈祖鱼"。

在海浪中跳跃的中华白海豚是自然保护的一面旗帜（北京大学崇左生物多样性研究基地　提供）

"鲸"情北部湾

　　根据国际海洋哺乳动物学会公布的物种名录，全球共有鲸类动物 93 种，其中须鲸 15 种、齿鲸 78 种。我国水域分布有 39 种鲸类，包括 9 种须鲸和 30 种齿鲸。

　　广西北部湾海域里，除中华白海豚外，还有一种"网红"大型鲸类——布氏鲸。近几年的冬春季节，它们在涠洲岛海域戏水的视频和图片在社交平台上刷屏或成为热搜，吸引了大量网民围观。

　　我国对鲸豚的种群研究和定期检测开展得并不多。自 20 世纪 80 年代以来，我国沿海罕有大型鲸群定期出现的报道，只在台湾岛东海岸还有多次抹香鲸群出没的记录。

　　2015 年，有从事海洋旅游的岛民向科学家报告，说在涠洲岛—斜阳岛附近海域发现了大型鲸鱼，有的独来独往，有的两三好友做伴，最多的时候涠洲岛和斜阳岛之间同时发现有 20 多只鲸鱼畅游在大海中。

　　2018 年 4 月初，人们第一次在涠洲岛近海发现了鲸鱼宝宝，引起了社会广泛关注。经跟踪观测后，科学家们判断，这是一个布氏鲸种群。这是我国 1980 年之后发现的首个近岸分布的大型鲸类群体。

　　布氏鲸是海洋哺乳动物，属鲸目须鲸科须鲸属，为国家一级重点保护野生动物。布氏鲸全身呈暗灰色，背部为黑灰色或蓝黑色，腹部黄白色或白色，少数身上有白色斑点。布氏鲸头部吻端至呼吸孔具有 1 条明显的脊线，高 1～2 厘米，中央脊线的两侧还各有 1 条稍矮的副棱脊，这 3 条棱脊是布氏鲸区别于其他须鲸的最重要外观特征之一。布氏鲸一出生就有三四米长，重约 900 千克；成年后体长 11～15 米，重 12～20 吨，雌性个体会更大一些。

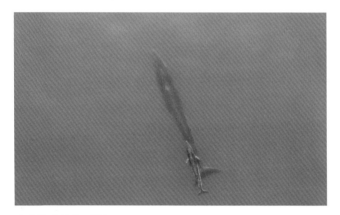

布氏鲸（陈默　摄）

布氏鲸主要生活在南北纬 40° 之间的热带到温带海域，也是唯一一种在赤道附近暖水海域常年生活的须鲸。目前在中国、泰国、日本、缅甸、孟加拉国、印度、越南、菲律宾和所罗门群岛均有过布氏鲸出现的报道，但是数量仅在泰国、日本、中国等有过统计，且均不足 100 只。随着科学家们调查时间和频次的增加，2023 年涠洲岛海域的布氏鲸种群被观测到的数量已接近 60 只。涠洲岛海域是我国近海在 20 世纪 80 年代后发现的已知唯一的大型鲸类捕食场所。

鲸群出现（黄庆坤　摄）

　　布氏鲸有布氏鲸和小布氏鲸两个亚种。小布氏鲸通常生活在近岸，布氏鲸通常生活在远洋。它们外观非常相似，仅在成年后有个体大小的区别。2019 年，在出海考察过程中，科研人员偶然采集到了涠洲岛布氏鲸的粪便样本，通过脱氧核糖核酸（DNA）测序列分析，鉴定出涠洲岛的布氏鲸为小布氏鲸。

　　布氏鲸游来涠洲岛做什么？当然是来"干饭"啦。涠洲岛—斜阳岛附近水域鱼类资源丰富，如沙丁鱼类、鳀（tí）鱼类、海鲚（jì）等，而这些集群的鱼类是布氏鲸的最爱。

　　布氏鲸有时采用踏水捕食的方式，有时采用侧身捕食的方式。涠洲岛的布氏鲸还会合作捕食，它们两三只一起，将鱼群驱赶到一处，再将整个脑袋浮出水面，张大嘴巴，将鱼群连着海水一口吞食。这时候，也有敢"鲸口夺食"的勇士——海鸥。每当布氏鲸准备张嘴吞食鱼群的时候，就会有满天的海鸥飞扑而来，场面非常壮观。海鸥飞行技术高超，可从布氏鲸的嘴边捡漏，一口就能叼走一条鱼。

关于鲸鱼，人们最先想到的是庄子的"北冥有鱼，其名为鲲，鲲之大，不知其几千里也"。东晋的崔撰斩钉截铁地说："鲲，当为鲸。"

布氏鲸来到涠洲岛海域活动频繁，说明北部湾海域

布氏鲸在海面捕食，吸引海鸥前来分一杯羹（王庆坤　摄）

生态环境状态稳定良好。其实在历史上，北部湾海域一直都有关于鲸鱼的记载。

清康熙版《廉州府志》在《物产》一章中的"鱼属"明确记载了北海海域的一种大鱼，叫作鳍（qiú）。鳍的注脚提到，鳍俗称海主，重数千斤，脊骨可以制作成杵东西的臼。母鳍习惯背着小鳍。以捕鱼为生的疍人用拴着绳子的铁枪刺杀小鳍，等它死后才拽到岸上。对母鳍则不敢猎杀。这个鳍，就是古时候人们对鲸鱼的称呼。

《雷州府志》也有北部湾沿海疍户捕鲸的记载，他们是"集体作业"：近十条船组成包围圈，用绳子系着标枪投掷（专业术语叫"下标"），一般下三次标就能捕到。鲸鱼忍痛拖着绳子逃跑，船就一直跟着，几天后在它累死时拖到浅水处开膛破肚。

再往前追溯，唐代时就有了关于鲸鱼的记载。唐昭宗时，有位叫刘恂的官员在广州当闲差，他的业余爱好是搜寻地方风情、轶事掌故，并写了本有名的地情书《岭表录异》。他在书中夸张地写道：海鳍小的也有"千余尺"，能吞下船只。从广州到安南（今越南）贩卖货物的船只，经常在海里遇到若隐若现的小山，小山上有水柱上冲，船夫说那是鳍在喷气，海水散在空中，就像下雨一样。刘恂感慨道"海鳍，即海上最伟者也"，毫无疑问，"海鳍"就是鲸鱼。

在北部湾西岸的越南，历史上也一直有关于鲸鱼的记载。越南渔民把鲸鱼当作神鱼，认为鲸鱼会保佑他们出海的安全和渔获。在越南沿岸和一些海岛上，设有专门供奉鲸鱼骨架的庙宇。渔民出海时如果遇到死亡的鲸鱼，会将其带到岸上祭祀，甚至还要为其守丧。

那么，每年夏天涠洲岛的布氏鲸去了哪里呢？这个谜团还有待科学家们进一步研究。

涠洲岛因为布氏鲸的出现，而成为网红打卡地，人们到了这里会想方设法地出海去看看这些大家伙。带游客观鲸在这几年也成了岛上居民增加收入的新方式。

但是逐利而来的经营者们组织游客乘坐快艇、渔船等出海工具无序观鲸，存在着安全隐患。例如，出海观鲸不分时段、观鲸时没有保持合理的距离和船速，会对鲸群的生活造成严重影响。

目前离涠洲岛正式开展和管理观鲸产业还有一定距离，当务之急是完善涠洲岛布氏鲸的科研调查工作，进一步了解此处布氏鲸的习性，并在科学评估和规范管理的前提下，制定合理、科学、规范的观鲸行为准则。

日落时分鲸鸥共舞（林明程 摄）

活化石文昌鱼

　　大海真是奇妙无穷，养育了海中霸王鲸鱼、鲨鱼等大型海洋生物，也养育了一种小巧的似鱼非鱼的文昌鱼。文昌鱼是脊索动物，外形像小鱼，体侧扁，长约 5 厘米，半透明，头尾尖，体内有一条脊索，有背鳍、臀鳍和尾鳍。它生活在沿海泥沙中，以浮游生物为食。

　　文昌鱼就是脊索动物头索动物亚门的代表。说文昌鱼是"鱼"，但实际上它并不是鱼，而是介于无脊椎动

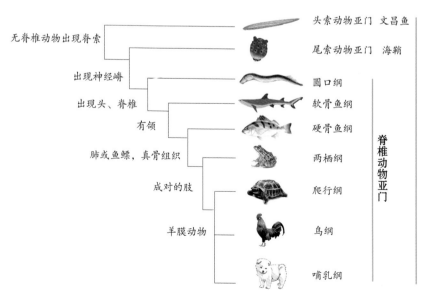

无脊椎动物出现脊索　　　　头索动物亚门　文昌鱼

出现神经嵴　　　　　　　　尾索动物亚门　海鞘

出现头、脊椎　　　　　　　圆口纲

有颌　　　　　　　　　　　软骨鱼纲

肺或鱼鳔，真骨组织　　　　硬骨鱼纲

成对的肢　　　　　　　　　两栖纲

羊膜动物　　　　　　　　　爬行纲

　　　　　　　　　　　　　鸟纲

　　　　　　　　　　　　　哺乳纲

脊椎动物亚门

脊索动物门

脊索动物进化树

物和脊椎动物之间的动物，更趋向于脊椎动物。

关于文昌鱼名称的来历，我国至少流传着四种传说。

一说在 1000 多年前的唐贞元年间，广东潮州一带鳄鱼成灾，韩愈奉命赴粤杀鳄，一条受伤的鳄鱼逃到厦门，后来死亡并生蛆，蛆逐渐变为文昌鱼。因此，文昌鱼又名"鳄鱼虫"。厦门附近的长方形小岛鳄鱼屿，也由此而得名。

二说宋代朱熹到厦门用"朱笔"杀死鳄鱼后，沙中出现很多文昌鱼，也暗示文昌鱼由鳄鱼变化而来。

三说明代末年郑成功率海军来到厦门，士兵把吃剩的米饭倒到海里，遂漂浮起很多文昌鱼，于是他们捕其食之。因此，文昌鱼又被称为"米鱼"。

四说文昌鱼是古代文昌帝君（古代传说之神）骑着鳄鱼过海时，鳄鱼口中掉落了很多小蛆到海中，这些小蛆变成了鱼样的动物，人们为纪念文昌帝君，将这种鱼取名为"文昌鱼"。又说文昌帝君出游，不慎将手中之笔掉落海中，这支笔就变成了一条美丽的小鱼，人们称它为"文昌鱼"。据闽南《同安县志》记载文昌鱼，"似鳗而细如丝。产西溪近海处，俗谓文昌诞辰时方有，故名"。

以上传说都带着传奇色彩，只可一笑了之。比较可信的说法是：文昌鱼主要产地——厦门同安区刘五店附近的小岛（鳄鱼岛）上有一座古庙叫文昌寺，当初渔民在此地捕获这种鱼形小动物时，尚不知其名，就以此古庙之名叫它"文昌鱼"。刘五店是全球历史上唯一曾形成渔业产业的文昌鱼渔场。后来就演变出了各种文昌鱼的传说，而且大多与鳄鱼这个风马牛不相及的动物关联在一起。厦门及其附近地区的人还称文昌鱼为"扁担鱼"和"银枪鱼",叫"扁担鱼"是因为其两头尖中央宽,形似扁担;叫"银枪鱼"是因为其色银白无鳞,首尾俱尖,犹似银枪头。而闽南方言"文昌"与"银枪"之音颇为相近,文昌鱼的"文昌"二字很可能源于"银枪"的谐音。不过现在文昌鱼已成为其通用的中文名。

1774 年德国古生物学家帕拉斯(Pallas)首次对文昌鱼进行了描述,错把它当成是蛞蝓(软体动物的一种);1834 年意大利分类学家柯士塔(Costa)误将文昌鱼的口须认为是鳃,觉得文昌鱼是与圆口鱼接近的生物,将其属名命名为 *Branchiostoma*(鳃口类)——这个名字沿用至今。

1836 年英国科学家雅雷尔(Yarrel)认为文昌鱼一定不是软体动物,反而有着许多与脊椎动物相似的特征,于是在英语中以其形态命名为 *Amphioxus lanceolatus*,意为"双尖鱼"。

达尔文曾说:"文昌鱼对生物学界来说是个伟大的发现,它让人们看到了 5 亿年前的脊椎动物祖先的模样,是揭示脊椎动物起源的钥匙。"黑格尔说:"在所有已灭绝的动物中,唯有文昌鱼能使我们勾画出志留纪最早的脊椎动物祖先。"

从前述的传说中看出,我们的先人有可能早在 1000 多年前就在厦门附近海域发现了文昌鱼,但遗憾的是缺乏详细记载和科学描述,所以一直不为世人所知。直到 1923 年,执教于厦门大学的美国学者莱德(Light)在 Science 杂志上发表了一篇文章,介绍了中国厦门同安刘五店的文昌鱼渔业,文昌鱼才正式引起了国内科学家的关注。

　　头索动物、尾索动物和脊椎动物从它们的共同祖先分开并开始独立进化至今已有约 5.3 亿年之久。脊索动物身体柔软，很难在古代的地层中留下化石，但却神奇般没有灭绝，成了见证历史的"活化石"。

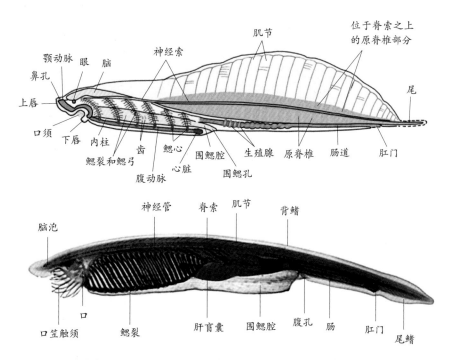

前寒武纪化石海口虫结构模式（上图）和文昌鱼结构模式（下图）

　　专家在云南澄江发现了早期脊索动物化石云南虫和海口虫，海口虫形态结构和现存生物文昌鱼惊人的相似，这个发现一下子将脊索动物的起源从 5.15 亿年往前推至 5.3 亿年前的前寒武纪。

　　文昌鱼广泛分布在热带、亚热带深 8 ～ 117 米（最常见于深 20 米左右）的近岸浅水海域中，生活于水质、沙质较好的海域。文昌鱼可以作为一种环保指示物种，有它们在的海域，水质和沙质一定都不错。尽管文昌鱼分布广泛，但是文昌鱼产地主要集中于我国的青岛、厦门、湛江、北海，以及法国南部和美国佛罗里达州。

文昌鱼（廖馨　摄）

文昌鱼在我国沿海地区从南到北均有发现，包括海南、广西北海、广东湛江、福建金门、福建闽江口以南大部分海域、山东青岛、河北秦皇岛等地。

文昌鱼属于国家二级保护野生动物。因为文昌鱼个体小，生存环境独特，对其进行保护要比保护中华白海豚等大动物要困难得多。近年来，我国已采取更多的积极措施，如加大执法力度、进行海堤的开口改造、支持文昌鱼的人工繁育研究等。

在广西，北海市的营盘、沙田、涠洲岛、南沥，以及防城港白龙尾等海域历史上均有文昌鱼分布的记载。

1988 年有调查记载，20 世纪 70 年代广西合浦一带存在文昌鱼，但此后再无相关报道。2006 年，科研人员在广西北海营盘青山头海区和石头埠海区发现了文昌鱼。2009 年之后，由于滩涂养殖的开展，当地可采集到文昌鱼的滩涂被占据。2013年，合浦儒艮国家级自然保护区海域的调查采集到一定数量的文昌鱼，但相比于湛江、厦门来说，数量密度明显偏小。2013年渔业资源调查结果显示，北海营盘和防城港白龙尾海域仍有文昌鱼分布，但数量已经不多。2022年，广西红树林研究中心的调查结果显示，在营盘、儒艮保护区、涠洲岛有文昌鱼零星分布。

幸好它们还在！一切还来得及！

文昌鱼

广西曾经一度对文昌鱼的保护和重视程度不足，没有推出有效的保护措施。码头建设，无度围垦，滩涂养殖，大量使用耙等工具捞螺、贝等，造成文昌鱼栖息地环境恶化，文昌鱼死亡或迁移。文昌鱼这样的"活化石"在地球上挺过了5亿年以上的风风雨雨，若在这几十年间消失殆尽，那将多么令人唏嘘！

现今，国家高度重视生态环境保护，保护生物多样性，倡导人与自然和谐共生。希望人类能够采取有力措施，让文昌鱼这亿年相传的"活化石"能够在地球上继续繁衍生息，与世共存！

得天独"鲎"

在广西北部湾还有一种被称为"活化石"的海洋生物——鲎（hòu），这种古老的海洋底栖动物躲过了5次生物大灭绝，是地球上存活4亿多年并保留其原始相貌的神奇物种，其最早的化石记录可追溯至4亿多年前的奥陶纪。

鲎因其背甲似马蹄形，故又俗称为"马蹄蟹"。但与螃蟹相比，鲎与蝎子、蜘蛛的亲缘关系更密切。全世界现存的鲎品种有4种，分别是美洲鲎、中国鲎、巨鲎

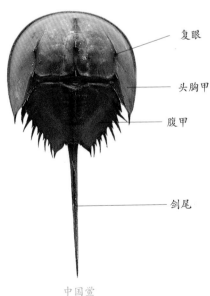

复眼

头胸甲

腹甲

剑尾

中国鲎

和圆尾鲎。广西北部湾分布的是圆尾鲎、中国鲎（又称为东方鲎、日本鲎或三刺鲎）。

鲎主要集中分布在温暖的海域。中国鲎对冷水的耐受能力略强，所以分布也更偏北一些。历史上我国从浙江舟山群岛往南都有中国鲎分布。而圆尾鲎更喜欢温暖的水域，主要分布在从香港地区往南延伸的区域。

被称为"活化石"，意味着鲎在几亿年间形态变化不大，因此4种鲎形态相似，不易区分。圆尾鲎的剑尾横截面近似圆形，其他3种鲎则是呈三角形剑尾。体型最小的是圆尾鲎，体型最大的是中国鲎。雌鲎最长可达80厘米（含剑尾），雄鲎普遍比雌鲎小。

广西北部湾是我国最大的中国鲎栖息地，也是全球最重要的鲎产卵及育幼场所之一。北部湾多样的地形，如泥质滩涂、河口地带、海水地区，正适合不同年龄段的鲎成长。

历史上，北部湾人民就有食鲎的传统。圆尾鲎含有剧毒，一旦食用就会引起食物中毒，中毒症状与食用河豚中毒的症状相似。因此，曾在广西沿海居民的餐桌上能见到的是中国鲎。

唐代大文学家韩愈在被贬官岭南时也吃过鲎。韩愈没有提到鲎的味道，但描述了鲎的样子。他在诗中说，鲎蛋像惠文（秦朝狱卒戴的帽子）上缀的珠子，它的眼睛长在背上，互相背着游走。

韩愈说鲎互相背着走，的确如此。北海人把鲎叫作"公婆鲎"，因为它们总是像鸳鸯一样成双成对出现。鲎的这种习性，唐代在广州当过司马的刘恂在他所著的《岭表录异》中描述过："鲎鱼……眼在背上，口在腹

成对的中国鲎

下。……雌常负雄而行，捕者必双得之。若摘去雄者，雌者自即止，背负之方行。"为什么鲎总是雌性背着雄性，一抓抓一双呢？这是因为每年4—8月期间，尤其是农历每月初一、十五大潮的时候，鲎就会双双对对地从深水区游到近海潮间带的泥滩上进行繁殖。在洄游的过程中，雌鲎在下雄鲎在上，交配时也这样，看起来像雌鲎背着雄鲎。渔民抓住下面的雌鲎，雄鲎往往还在上面，所以一抓就是一对；但抓住雄鲎，雌鲎为了产卵留下后代，会尽可能地逃走。

　　清代的工部尚书杜臻在合浦见到了长得"骨骼清奇"的鲎，他在视察笔记《闽粤巡视纪略》中提到了韩愈所写的吃鲎、蚝、蛤等野物的诗："韩退之《南食诗》：鲎实如惠文，骨眼相负行。盖谓：鲎实圆细如惠文，冠所缀珠然也。其血蔚蓝，实可以醢（hǎi），介可以杓。"这里说到的"其血蔚蓝"，是指鲎的血液因富含铜离子，铜离子与氧气结合形成血蓝蛋白而呈蓝色。鲎的蓝色血液用处巨大，但"怀璧其罪"，也给鲎招来了杀身之祸。

鲎血液中的血细胞以大颗粒细胞、小颗粒细胞和透明细胞为主。颗粒细胞又被称为"变形细胞"，其细胞裂解物遇到细菌内毒素即产生凝集作用变成凝胶状，这是鲎用于保护自身的一种免疫方式。鲎血液对细菌内毒素的灵敏度和检测效率远胜于传统的家兔热原检查法，因而被开发成鲎试剂。使用鲎试剂能很快检测出细菌内毒素污染，从而保证被检样品的安全，几乎所有针剂药品生产时都需要经过鲎试剂的检测。另外，鲎试剂还可以应用在制药、食品安全、水资源保护等方面。

制备鲎试剂需要抽取鲎的血液，"献血"的鲎很容易死亡。即使抽取了部分血液后就被放生回大自然，鲎也很难继续正常地生存、繁殖了。人类每年要捕获几十万甚至百万只鲎，然后抽取其血液用于制作鲎试剂。

在 20 世纪 70 年代的渔业捕捞记录上，鲎在南方多个省份还是随处可见、随手可取的普通海产品。但在今天，不仅圆尾鲎、中国鲎密集上岸产卵的盛景已经很难见到，一些传统产卵场的鲎种群更是绝迹了。

因为鲎的医学价值和食用价值而造成的过度捕捞，围填海造成的生境破碎化，以及定置网、地笼等滩涂渔业手段对鲎上岸产卵带来的阻碍，共同造成了如今鲎数量锐减的现状。

　　"活化石"鲎在演化进程中躲过了 5 次生物大灭绝存活至今，却因人类的行为而濒临灭绝。

　　从 20 世纪 90 年代初开始，南方各省、自治区相继将中国鲎、圆尾鲎列为省级、自治区级重点保护动物。2021 年，中国鲎和圆尾鲎被列为国家二级重点保护野生动物。

　　为了保护这种珍稀动物，科学家们正在行动。其中围绕鲎的栖息地调查和鲎的增殖放流一直都在开展中，希望未来，还给它们一个得天独"鲎"的世界。

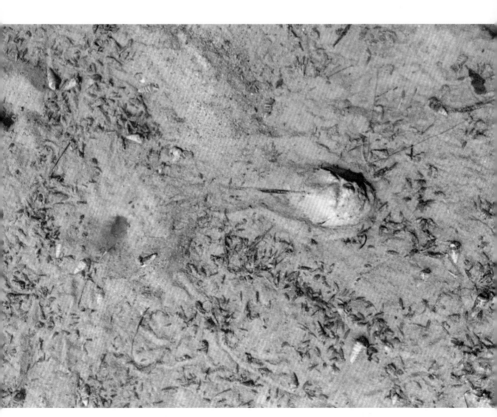

合浦海草床里的鲎（邱广龙　摄）

风味之海

北部湾的魅力，远不止于醉人的海岛风光，得天独厚的海洋生态环境让北部湾海鲜不仅鲜活味美且品种极为丰富。古今共存、海陆兼具、城乡接合是广西北部湾城市群美食的特点，枕山临海的地理位置和优越的自然环境提供了丰富的物产。在这里，用天然食材烹饪的各色美味，让每一位食客味蕾绽放、百吃不厌。

微信 / 抖音扫码

一个大"荤菜"篮子

　　"靠山吃山，靠海吃海"，北部湾是我国四大渔场之一，与南海渔场、舟山渔场和黄渤海渔场并列。从为餐桌保障供给的角度来看，渔场就是大菜篮子，而且是一个大"荤菜"篮子。

　　北部湾这个大"荤菜"篮子里的"荤菜"很多，有鲷鱼、圆鲹、金线鱼、沙丁鱼、石斑鱼、金枪鱼、比

目鱼、马鲛鱼、鲳鱼、鲭鱼等 50 余种经济鱼类，还有大量头足类、节肢类、贝类海产品，其中光节肢类的虾超过 200 种、蟹超过 20 种，当地人习惯称为"螺"的贝类也不计其数。

一些老渔民说，在北部湾拖网，捞起的鱼货能达数十种，品种十分丰富，不像在渤海、黄海，一网捞起来的不是黄鱼就是带鱼，种类比较单一。

为什么会这样？一个原因是气候温暖。处于亚热带和热带的北部湾，属于暖水环境，就像陆地的热带雨林，适合各种生物生长，生物多样性特别突出。另一个原因是饵料丰富。这得益于北部湾拥有的四大特殊海洋生态系统：一是繁茂连片、有"海上森林"之称的红树林；二是多姿多彩、被称为"海底热带雨林"的珊瑚礁群；

十里蚝街（林强　摄）

三是滨海湿地；四是"海洋之肺"海草床。它们不仅为各种海洋生物提供了产卵孵化的温床，也为其提供了繁殖生长的良好环境。

北部湾广袤的滩涂也为发展海水养殖提供了广阔的空间，为餐桌实现"可持续供给"创造了条件。

中国人吃海鲜的历史，可以追溯到5000多年以前。在《周礼·天官》中，就有用鱼、螺、蛤蜊等海产品祭祀或作为宫廷食品的记载。不过，相信那时候海鲜并不

是贵族的专享，海边生活的普通百姓也会经常用它填饱肚子。毕竟渔猎从新石器时代起，就是人类的重要行当。

海边人"以海为食"，由于濒海而居，他们与内陆居民的生产生活方式迥然不同。耕田种地计划性强，"人误地一时，地误人一年"，耽误了农时，或者某一年风不调雨不顺，就可能颗粒无收而饿肚子。相比之下，渔民的生活要"活泛"许多，可以"三天打鱼，两天晒网"，还可以随时下海撒网，现吃现捞，"聊解无米之炊"。

北海侨港码头鱼市（吴泉　摄）

在涠洲岛会经常看到这样的场景，人们下午在南湾海滩趁着退潮，将一张拦网在齐胸的海水里布好，并在沙滩上支起了一口大铁锅。夜里七八点钟，潮水退到没膝处，在朗朗月光下，大家兴冲冲地下海将网兜拉起，网眼上挂着蹦跶挣扎的各种鱼、虾、蟹，其中光是螃蟹就有四五种之多。大家一片欢呼，争先恐后地将鱼货摘下来，在桶里冲洗干净，一股脑儿地下到大锅里焖熟。无油无盐，原汁原味，每人各取所需，或抓起鱼蘸些酱醋之类就吃，或把螃蟹直接"撕巴撕巴"就塞入嘴里，狼吞虎咽的，像吃红薯。虽吃相有些不雅，但人们却是满口噙香，其乐无穷，人生之乐，莫过于此。

人们常说"食在广东"，其实两广地区的饮食习惯都差不多。面对纷至沓来的游客，广西沿海北海、钦州、防城港三市的人都会骄傲地摆出各有千秋的美食，并宣称"食在我家"，吸引了众多游客。

游客本属于"候鸟"，但北部湾丰富的海鲜，让许多人变成了"留鸟"。曾有一位连锁酒店的老板，因为"留恋"北海的海鲜，特意把总部从深圳搬到北海。他说吃了北海的海鲜，其他地方的海鲜一点味道也没有。看来美食跟爱情一样，同样也是"曾经沧海难为水，除却巫山不是云"。

海鲜美食甚至成为拉动房市的因素。一直以来，在北海、防城港，外地人购买商品房的比例在 70% 以上。除了气候宜人，房价相对低廉，那些出于度假、过冬或养老目的的购房者还有一个不约而同的理由，那就是这里能吃到各种海鲜。

海鲜既是海边人生活的内容，也是他们生活的目的。

北海人称一个人为"死食仔"时，其实并不是贬义，只是说他是一个有经验的吃货。在渔民家里，无论什么时候，厨房的桌上都有几碗煮熟的海鲜，早中晚餐，不管是喝粥还是吃饭，都以海鲜为菜。这不由得让人"愤愤不平"：世道怎么如此不公？内地人吃海鲜是打牙祭，海边人却天天吃海鲜。

海鱼上市

海边人的"刁"嘴巴

与冲着海鲜而来的外地人相比，北部湾沿海当地人嘴巴要"刁"得多。虽说"萝卜青菜，各有所爱"，但在让人眼花缭乱的各种海鲜中，本地人似乎都有自己的至爱，虽不至于"独沽一味"，但却倾向于选择自己最好的那一口。

这从当地人的请客吃饭就能体会到。外地人吃海鲜像满汉全席，不分种类，啥都吃一口，只要种类够多。而在当地人眼里，这一种海鲜与那一种海鲜是不一样的。要是请客吃海鲜，一定有一个主题：吃哪种海鲜，是吃花蟹、花鲈，还是吃大虾……对上胃口的人自然食指大动。有了既定的食材，烹饪也别出心裁，请客者会特邀大厨炮制，或专门到以某款菜式为招牌的餐馆宴请。就着这人间至味，吹牛皮，浮太白，主宾其乐融融。

当地人吃海鲜之"刁"，在于他们能像对陆地的水果一样，分辨出不同海区出产的同类海鲜味道的差别。他们能头头是道，跟你细掰越南红鱼与本土红鱼的差异；就算同样是北海所产，相隔只有区区数十千米，他们也能"不容置疑"地指出：铁山港石头埠的沙钻鱼，吃起来没有竹林盐场的"甘至"。

北部湾沿海当地人吃海鲜之所以这么"刁"，缘于他们在与海鲜长期的"亲密接触"过程中，形成了不一样的味觉。他们认为好吃的海鲜是甜的，而不是香的或者脆的。这种甜，只能意会，不能言传。海鲜的甜，不是甘蔗、糖果的那种甜，而是海鲜的原汁原味，它固然是一种口感，但更是一种会心的感受，从"形而下"的物质直达"形而上"的精神。

山珍与海味并称，在一般人心目中，山珍胜在"珍"，海味赢在"多"，山珍要略胜一筹，但北部湾沿海的居民断然不会同意这一点。事实上，一些海产品也极为名贵，像鱼翅、鳘（mǐn）肚、鲈鱼皮等。当然这可能跟它们数量日益稀少有关。须知，在几十年前，北部湾沿海的渔民入伙、庆生或结婚，在酒席上它们都是必备品，海参、鲍鱼之类根本排不上号，现在公认为名贵海产品的蚝豉、带子、沙虫等简直就是"村佬菜"。

北部湾三市毗邻，气候环境相仿，出产的海鲜大同小异。差不多品种食材下，三地扬名立万的海鲜美食，既有共性，也不乏个性，但一样闻名遐迩。

北海市和钦州市都盛产大蚝，它属于"牡蛎一族"，这种海产品古今中外都受人推崇。宋代的苏东坡在海南给朋友写信：千万别让朝中同僚知道当地有这种美味（生蚝），要是他们争先恐后搬来海南，就没有我吃的份了。莎士比亚曾感叹：谁拥有牡蛎，谁就拥有世界。

北部湾海域非常适合蚝类生长，出产的大蚝个大肥美，口感尤佳。钦州和北海精心打造的"钦州大蚝"和"北海深蚝"，成功跻身中国国家地理标志产品行列。其中，钦州湾茅尾海是全国最大的大蚝天然苗种繁殖区，苗种品质优良、质量上乘。钦州市每年还举办"蚝情节"，通过重量、长度、宽度和美观度等综合评比，评选出蚝王。有一年评出的蚝王，蚝龄长达 7 年，重 1370 克，长 112 毫米、宽 78 毫米、高 251 毫米，堪称蚝中的"巨无霸"。

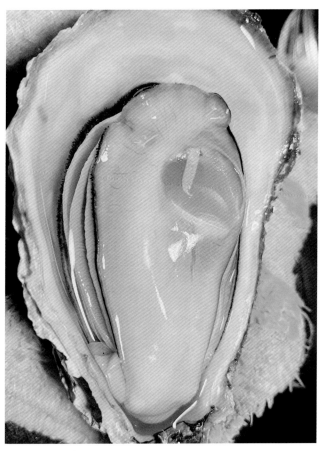

原味蒸大蚝（廖馨 摄）

　　蚝的做法很多，有清蒸生蚝、捞汁生蚝、烤生蚝、生蚝煲、蒜蓉粉丝蒸生蚝、芝士烤生蚝、生蚝煎蛋……最地道的应属原味蒸大蚝，蒸至七八成熟，搭配特制的配料，既有"成熟"的风情，又保持"尚未入世"的率性，嫩滑清甜，入口即化，人间真味，莫过于此。

蒜蓉粉丝蒸生蚝（廖馨　摄）

北部湾三市都出产的泥丁，学名"可口革囊星虫"——瞧这名字就是入口之物。泥丁富有营养，有"海里的冬虫夏草"之称。泥丁过去均为野生，随着人工育苗的成功，人们通过种苗放流的方式，使之变成了"半野生"的特产，既保障了产量，也维持了生态的平衡。

泥丁标本（杨明柳　供）

泥丁的做法除了鲜炒，最常见的就是煲汤。防城港就有一款别具特色的泥丁汤。店家在宰杀肥胖的泥丁时，不惮其烦，细心地将泥丁的血存着，之后与处理好的泥丁一起倒进锅里。煮出的汤色泽乳白，汤里浮着一根根蓝色条纹的泥丁，味道鲜美得让人回味万千。防城港还有一款用泥丁汤汁做成的"土丁冻"，味道清淡鲜美，是一种上等滋补品。

北部湾近岸浅滩，有一种身形细长的细鳞鱼，当地人称"沙钻鱼"，牙齿尖利，力大无穷。拇指大小的沙钻鱼在水里咬钩时，常常被误认为是大鱼。海鲜做法不同，味道迥异。沙钻鱼肉质细嫩，不管是清蒸还是香煎，都十分可口。但防城港人有一种独特的做法：将沙钻鱼煎至两面焦香，配上姜丝、葱白和适量白糖，加入当地的腌榄子焖熟，使榄子的果香"杀"进鱼肉中。这道"平民化"的"榄子焖沙钻鱼"，是当地不少餐馆的招牌菜。

像这样用另类的配料与海鲜搭配，勾兑出独特的味道，是北部湾海鲜常用的烹饪手法。一物配一物，每种海鲜都有与其天作之合的标配。腥味极重的鲨鱼，用南方特有的腌酸笋调和，做出的鲨鱼酸笋汤，亦咸亦酸亦甜，令人开胃。

在北部湾吃海鲜，如果"顾名思义"，很容易错过美食。北海有一道家常菜，名叫"红螺炒鸡屎菜"。当地人把腌萝卜苗称为"鸡屎菜"，与红螺"配伍"，别有风味，许多高档餐馆的菜谱上这道菜都赫然在列。

炒泥丁（邓兴　摄）

鱼虾蟹螺　百味珍馐

啖　鱼

"空中鸟天堂，海洋鱼世界"，要细说北部湾海鲜，主角当然还是鱼类。

就普遍性和味道而言，石斑鱼称得上是海洋鱼类的优秀代表。北部湾的石斑鱼品种丰富，常见的有虎头斑、芝麻斑、老鼠斑、红斑、青斑、黄斑等。

石斑鱼生性凶猛，生活在岩礁、珊瑚礁、沉船和人工渔礁等水域，掠食鱼、虾、蟹、章鱼等。别的鱼以品种分贵贱，石斑鱼的等级却按大小来区分。一般的石斑鱼叫"石斑"，而大石斑有一个特别的名称——龙趸（dǔn），因珍稀而价格昂贵。

石斑鱼是厨师展现烹饪功夫的最好食材，不管是清蒸、红烧，还是做鱼生，它的肉质都非常细嫩，味道极其鲜美。

清蒸石斑鱼要用到猪板油。制作时用刀将宰杀洗净的石斑鱼两侧划开，把猪板油连同姜、葱塞进鱼的体内，再用杯子盛上盐、酱油和料酒，一起装入蒸笼，蒸至刀划处肉质外翻，淋上一起蒸制的味汁即可食用。用石斑

清蒸石斑鱼（廖馨　摄）

鱼煮出的汤，浓稠乳白，色泽诱人，香气缭绕。

关于哪种鱼好吃，北部湾渔民有一个顺口溜：一芒二鲳，第三马鲛郎。这三种鱼，代表了海鲜美食的三重境界。

最美味的属芒鱼。它是一种无鳞鱼，颜色灰白，生长在河流入海口附近，属于咸淡水鱼类，肉质鲜嫩肥美。一般来说，咸淡交汇水域的鱼类味道都比较鲜美，与江鱼或湖鱼相比，肉质更为结实，也不像深海鱼类有较重的腥味。这一切都得益于良好的海洋环境。"一方水土养一方人"，万物皆然，鱼也一样。芒鱼肉质肥厚，最常见的做法是芒鱼煲，主要的配料是八角、腐乳，盖紧锅盖红焖。"未到火候不掀锅，一揭盖子口水多"，揭盖后香气冲天而起，钻鼻入脑，令人馋涎欲滴。芒鱼的肉十分酥软，入口即化，有点像腩肉，但不肥不腻。一锅腐乳煲芒鱼，有如"金风玉露一相逢，便胜却人间无数"。

　　次级的鲳鱼比芒鱼常见，分为白鲳、黑鲳和花鲳，身体扁平，一般比巴掌略大，直立时正面看上去像一根竖线，侧面看呈菱形。鲳鱼的鳞很细，摸上去显得有些光滑。人们普遍认为鲳鱼以白鲳为上品，白鲳又分银鲳和燕尾鲳，银鲳堪称"飞机中的战斗机"，它的肉质细腻结实，刺少，味道最好。近年来，鲳鱼成为北部湾的大宗养殖品种，大量进入了寻常百姓家。

罗蒙果皮焖鲳鱼（林月程　摄）

　　马鲛鱼也是一种常见的鱼。成年马鲛鱼呈银灰色，几乎无鳞，体长约1米，重四五千克，吻尖突出，牙齿尖利，生性凶悍，喜欢成群结队围猎小鱼和虾等生物。马鲛鱼可拖网捕捉，也可钓捕。由于它体形较大，咬钩迅猛，且咬钩后拼命想逃脱，会拽着线窜来窜去，所以垂钓时钓到马鲛鱼是一件十分刺激的乐事。马鲛鱼含丰富的蛋白质、维生素A、钙等物质，有补气、平喘止咳的作用，对体弱咳喘有一定疗效。由于产量大，在20世纪七八十年代鱼肝油还是为数不多的保健品时，马鲛鱼就是生产鱼肝油的主要原料。马鲛鱼肉质比不上芒鱼和鲳鱼的细嫩，但肉厚刺少，脂肪较多，可以红烧和熏烤，特别适合切片香煎后，加入姜、葱等配料焖煮；也常常用来制作鱼丸，马鲛鱼丸汤清甜可口，老少皆宜。

马鲛鱼肉（钟雨云　摄）

吃 虾

除了前面提到的鱼类，北部湾比较普遍的食材还有虾、蟹、螺。民间流传着很多关于它们的谚语，如"男吃虾，女吃蟹""四月八，虾蚝发""四月廿六，虾起屋""九月初三，爱蟹去担""十月蟹一肚蛋，五月蟹一肚水""虾熟虾腰勾，蟹熟蟹壳红，螺熟螺开口，鱼熟鱼眼凸"，等等。

虾最为常见，活蹦乱跳的虾是生猛海鲜的最好写照。北部湾海虾的种类很多，明虾、基围虾、琵琶虾、龙虾，等等。

擅长吃虾的当地人，一眼就能看出是养殖虾还是野生海虾：养殖虾的须子长，野生海虾须子短；养殖虾的壳软绵绵的，野生海虾的壳要坚硬得多。能辨别野生海虾

鲜活的虾

和养殖虾并不算本事，一些人还能辨别是公虾还是母虾。

　　吃海鲜可以说"无宴不吃虾，无虾不成宴"。虾的种类千千万，虾的吃法万万千，蒸、炒、煎、焖、烩、炸……每一样做法都有不同的味道，唯一不变的是好吃。直接把虾丢进沸水里，什么配料也不加，捞起来蘸些酱料吃，这种白灼虾的鲜甜也让人回味无穷。

　　在白灼虾的基础上，不少地方推出了一种桑拿虾：将鲜虾置于特制的餐具中，把冷水泼在烧红的鹅卵石上，通过激出的蒸气将虾蒸熟，烹制方法简单独特，炮制后的虾色泽鲜亮，味道清爽宜人。

白灼虾

海里捕到的大虾最好的做法是油煎，剔肠去须之后，下到油锅用猛火煎，霎时间虾先伸展而后卷曲，身体迅速红起来，香气袅袅娜娜、不断升腾，加些酱油、葱白，再来少许白糖、白酒，略炒一下即可起锅，最后将它们一枚枚整齐排列在白底青花的瓷盘里。这道带着古典主义美学的佳肴，能让最矜持的人也忍不住馋涎欲滴。

虾还有一种吃法：将虾须和虾枪剪掉，从背部挑出虾线，处理干净后与酱油、葱、姜、料酒等配料腌制，再裹上少量淀粉，在油锅里炸熟后与事先备好的椒盐翻炒，这样做出的椒盐虾麻辣鲜香，色香味俱全。

还有一些人喜欢吃醉虾：将活虾放在清水里养上一两天，滤掉肚里的泥沙，将它们洗干净后，倒进盛着高度白酒的容器中，待到里头蹦跶的声音完全平静下来，打开盖子，掇上一枚，拧掉虾头，蘸上芥末，那股又鲜又辣的味道直冲天灵盖，痛快淋漓——虾先醉、人复醉。需要提醒的是，这种吃法对原料特别讲究，若处理不当则容易感染血吸虫病。

北海的虾仔饼，就是用虾米与面粉相拌，加入盐、胡椒粉、碎葱花等调成面糊油炸而成。虾仔饼小者如掌，大者如盘，红色的虾米嵌在金黄的面饼上，热烈如梵高笔下的向日葵，外酥内脆。虾仔饼曾经荣登中央电视台的美食栏目，是一款著名的网红美食。

吃　蟹

蟹的品种和吃法也很多。最常见的海洋食用蟹主要有两种：一是青蟹，二是花蟹。

青蟹有点"名不副实"，因为它的甲壳其实并不是青色的，而是偏黄色或偏黑色。甲壳的边缘像锯齿一样，因此又得名"锯缘青蟹"。青蟹喜欢栖息在潮间带的泥沙海滩、红树林或沼泽地。它是海里的夜猫子，昼伏夜出，尤其是在涨潮的夜里十分活跃。在北部湾的红树林海滩，夏天有时可以看到青蟹用步足撑起身体乘凉，冬天则躲进洞穴冬眠。青蟹是杂食动物，其饵料包括小鱼、虾、软壳蟹、别的种类的幼蟹、贝等。它的个头有大有小，最大的体重可以达 2000 克。蟹肉质地细嫩，味道鲜美，营养丰富，有"海中人参"之称，因此青蟹也是主要的海水养殖品种。

清蒸青蟹（廖馨　摄）

　　秋风起，青蟹肥；膏满壳，子满脐。从入秋直到春
节前后，发育成熟的母蟹都带着膏，因此得名"膏蟹"。
煮熟的蟹膏呈橙黄色或橘红色，"故园霜落暮秋时，酒
绿橙黄蟹正宜"，就算不是诗人，面对这诱人的膏蟹，
也免不了持蟹把酒的雅兴。除了白灼、煎炒，用青蟹煮
的粥，加上生地、冬瓜煲的汤，也都是让人称道的美食。

　　如果说青蟹属于蟹中的"贵族"，花蟹则"平民化"
许多。花蟹因背壳有斑点而得名，是数量最多的暖水型
海产品，喜欢栖息在水深 10 米以下的沙泥或岩礁底质
的海底。北部湾十分适宜花蟹繁育生长。花蟹不能养殖，
市场上看到的花蟹全为野生，满足了人们对原生态食材
的要求。花蟹蛋白质含量丰富，十分滋补身体。不过，
要想吃到好的花蟹，还得学会辨别肥瘦。

清蒸花蟹（邓兴　摄）

　　"三月黄瓜，四月瘦蟹"，晚春及清明过后，已经产卵的花蟹很瘦，海边人称之为"水蟹"，意思是这时候的蟹体内只有一泡水，不懂行的人很容易中招。因此，北海人常用"捉水蟹"形容上当受骗。

　　花蟹母肥公瘦，母蟹才有膏，因此吃蟹首先要分清公母。一是看腹部，公蟹的腹部为三角尖形，母蟹的腹部则呈圆形或椭圆形；二是看蟹脚，公蟹的八根步足都有密集的绒毛，而母蟹只有前头两足长有绒毛。从花蟹后面的小腿也可判别肥瘦，捏起来感觉饱满，有点圆乎乎的，就是肥蟹；反之，为水蟹。此外，肥的花蟹蟹壳背部颜色深青，中间较厚，纹路清晰，有一些凸点；相反，那些背壳平整光滑的，应属水蟹无疑。

　　吃蟹需要技巧，它坚硬的壳、钳螯和蟹腿，让人颇感束手无策。渔民吃花蟹化繁为简，不去理会它的壳和腿，直接揭开壳，两刀四块，蒸熟即食，百分百原生态。而用姜葱爆炒，则是另一种味道。让人叹为观止的是那些吃蟹高手，凭着一根筷子捅、拉、刮，加上吮、吹、舔，转眼间就能将一只蟹变成空壳，蟹钳、蟹腿里的肉都被吃得干干净净，表面看上去却完好如初。

嗦　螺

　　螺就是贝，它是海产品中的大家族，也是北部湾海鲜中十分受欢迎的食材。

　　北海市的侨港镇以吃螺闻名，镇里的越南风情一条街是游客必到的网红打卡点。在这里，你几乎可以见到

所有能吃的螺：车螺、吞螺、香螺、刺螺、白鸽螺、花
蛤螺、红螺、包螺、角螺、插螺、飞螺、角鼻螺、石头螺……
有名的鲍鱼，其实也是一种螺。

市场上清洗花甲螺准备打包运往外地（廖馨　摄）

　　螺作为常用食材，一个明显的特点就是经济实惠。

　　当地人吃螺不叫"吃"，用的是极有画面感的一
个字"嗦"。嗦，就是吸吮。螺是一定要嗦的，撮起

嘴唇，腮帮深陷，鼓足丹田之气，使出吃奶之力，深深地倒吸，但光是用劲，并不能保证你就能把螺肉嗦出来。这并没有经验可传，只有熟能生巧。

需要嗦的螺，几乎都是白灼的做法。螺的吃法还有很多。车螺常常用来做汤，如车螺芥菜汤、车螺煲冬瓜，吃起来清凉解暑，清甜可口。小个的花甲螺、白鸽螺，可以炒蒜蓉、炒韭黄。

"另类"美食

头足类哥仨

　　头足类无疑是最有海洋特色的生物。它们由距今4.5亿年的奥陶纪时期的软体动物进化而来，形状稀奇古怪，头部突出，身体对称，轮廓分明，有着长长的触手，在无脊椎动物中独树一帜。它们经常出现在科幻片中，被认为是深海中充满灵性的神秘生物。也许是因为在漫长的进化史中，头足类长期处于黑暗之中，它们普遍具有趋光性。最常见的头足类有三类：鱿鱼、墨鱼和章鱼。

10条触手，身体细长，呈长圆锥形

鱿鱼

头顶的10条触手中有8条较短，身体呈椭圆形

墨鱼

8条触手，身体呈短卵圆形

章鱼

鱿鱼、墨鱼、章鱼的区别

鱿鱼身体呈长圆锥形，有淡褐色的斑点，长有 10 条触手和 1 条三角形尾鳍，喜欢成群游弋于深约 20 米的海里，既可以网捕、笼捕，也可以钓捕。

鱿鱼

白灼是最能检验海鲜品质的吃法，因为这种吃法要求食材必须新鲜。其实很容易辨别鱿鱼是否新鲜，只要用手指轻压，若鱿鱼身上的斑点像星星一样闪烁，时隐时现，就是新鲜鱿鱼。白灼鱿鱼是最常见的做法，肉质又软又脆，色泽雪白，只需一碟蚝油，就能齿颊留香。

白灼鱿鱼

墨鱼是鱿鱼的表亲，也是头足类软体动物，也有10条触手，但两者并不难分辨。鱿鱼身体呈长圆锥形，个体较小；墨鱼身体呈椭圆形，个体较大，背部有一块硬甲。

与鱿鱼相比，墨鱼具有一项特殊技能：能够飞行。墨鱼能从海面跃出并滑翔出很远的距离，不过这种情形并不常见。墨鱼最明显的特征是，它在遇到敌害时，会喷出"墨汁"逃生，因此又得名"乌贼"。据说人类发明烟雾弹就是受了乌贼的启发。但在人类发明的捕捞工具面前，墨鱼的这种"伎俩"不仅毫无用处，反而还暴露了自己的行踪。渔民一旦发现"墨汁"，大喜过望，将八爪钓钩抛到其前方，慢慢收线调整吊钩，就能轻巧地将墨鱼挂到钩上拽起来。

墨鱼个大肉厚，常作为食材用来制作墨鱼饼或鱼丸。有一种小墨鱼，有个奇怪的名字叫"涩皮"，只有人的手指头大小，像一枚枚圆头子弹，有些人直接叫它"子弹"。"子弹"的吃法十分奇特：不开肠不破肚，简单清洗一下，整个焖在锅里煮熟，便可囫囵下肚。由于"子弹"带着"墨汁"，吃"子弹"的人会变成"乌嘴狗"，舌头牙齿全被染黑。据说墨鱼的"墨汁"有健胃止血的作用，所以虽然吃相有些不雅，但是尝试的人依然很多。

在头足类的海鲜中，还有大名鼎鼎的章鱼。章鱼的模样与鱿鱼和墨鱼有点相仿，不过仔细分辨也很容易将它们辨别出来。章鱼有一个土名：八爪鱼。每只爪子（触手）上都有吸盘。这种经常出现在科幻片中的主角，也是北部湾的"常住民"，只不过远不像科幻片中那么庞大恐怖。与鱿鱼、墨鱼不同的是，章鱼有3颗心脏。一颗在它脑袋后端中间，负责给身体各个器官供氧，另外两颗在鳃附近，负责给鳃输送氧气。

捕捉八爪鱼的方法相当有趣。人们用绳子拴着与长圆茶杯一样大小的宽口瓷瓶投进海里，隔天将绳子提起来，就会发现瓷瓶里趴着一只只八爪鱼。它们一定以为自己找到了一个庇身之所，所以紧紧趴在瓷瓶中，要将它们拽出来还有些费劲。

章鱼以强韧的结缔组织和多层交错的肌纤维来支撑身体，胶原蛋白含量极高，肉质紧实而细致。章鱼的经典做法有白灼、酱爆、红烧。沙姜是炒章鱼的标配，章鱼的肉质跟鱿鱼一样松脆爽口，但没有鱿鱼那种清甜。

沙姜炒章鱼

沙　虫

　　在北部湾的风味海鲜中，沙虫是不可或缺的要角。沙虫状如蚯蚓，学名方格星虫，与泥丁就像孪生兄弟，但比泥丁粗壮且白净，这大概与沙虫生活在沙滩而泥丁栖息在泥土中有关。

　　沙虫是北部湾的特产。这种软体动物是一种环境标志性生物，十分娇气。如果海里有污染，水温不稳定，它很快就变得无影无踪。沙虫藏身在地下 10 ～ 20 厘米的地方，每天吞沙不止，将里头的藻类和微生物变成自己的营养来源。

　　挖沙虫是北部湾沿海的一道风景。每当潮水退去，无数戴着竹笠的村民三三两两走进沙滩，他们扛着铁锹，铁锹上挂着竹箩，在潮落潮起的间歇，紧张地"沙里刨食"——挖沙虫。他们寻寻觅觅、弯腰劳动的情形，成为赶海的最好写照。

挖沙虫（廖馨　摄）

　　一般人看不出哪里是沙虫的藏身之处。它们的洞穴被水膜覆盖着，但钻洞时推出的小沙团暴露了自己的踪迹。赶海的人用铁锹从旁边猛插下去，将一大坨沙子挖起，躬身用手迅速将沙虫扒拉出来。动作干脆利落，一气呵成，稍有迟疑，沙虫就会逃得无影无踪。

　　北部湾的海滩上，每日有成千上万人赶海，但沙虫却生生不息、绵延不绝。这得益于沿海地区每年的人工放流，大量投放的沙虫幼苗在大自然的温床里茁壮成长，并源源不断地供应给市场。

沙虫

　　沙虫有独特的提鲜作用，故有"天然味精"之称。煲汤时如果放上一两根沙虫干，汤的味道就会变得十分鲜美。不过沙虫处理起来有点麻烦，这种栖身在沙子里的动物一肚子细沙，要用竹签从一端穿入，再从另一端慢慢抽出，将其内外翻转，然后摘除其沙囊，再用清水仔细清洗干净，这样才算处理完成。

沙虫的吃法很多，可炸，可蒸，可煮汤，可熬粥。沙虫的地位有不断攀升之势，已成为宴席上不可缺席的佳肴，干沙虫则成为逢年过节赠礼的珍品。

肥胖的沙虫

蒜蓉粉丝蒸沙虫（邓兴　摄）

咸鱼和调味品

咸　鱼

在海边人的认知中，海鲜与海味是两码事，只有活的、新鲜的、湿漉漉的才配叫海鲜，那些干的、加工过的只能叫海味。按他们这个理解，"山珍海味"应叫"山珍海鲜"才对。

海味源于海鲜，可以说有多少种海鲜，就有多少种海味：红鱼巴、沙虫干、虾米、蟹肉干、干贝、干海蛇、干海马、海参、鳝肚、花胶、鱼唇、鱼子、鱼翅……

而最大宗的海味，就是用普通海鱼腌制的咸鱼。网络上流传有句话是"没有理想的人生，活着就像一条咸鱼"。其实，真正的咸鱼是有"理想"的，那就是用自己的独特风味，征服众人的胃。吃咸鱼的历史源远流长，在冷冻保鲜技术还没有出现时，甚至直到这项技术还没有被广泛应用的年代，用盐来腌渍保存鱼类就已是一种通用的做法。咸鱼古代叫"鲍鱼"，孔子说"入鲍鱼之肆，久而不闻其臭"，只是相对于芝兰的香而言。古代的军队物资，常有"咸鱼若干担"的记载。

咸鱼在缺吃少食的 20 世纪六七十年代，就可从沿海地区销往各地城乡。那时候源自畜禽的肉食远没有现在丰富，咸鱼成为重要的荤食，更是大多数人的面子。能吃到咸鱼，表明生活相对富足，同时也是待客真诚的表现。像水果罐头和果脯一样，咸鱼现在已经逐渐淡出了市场。但别离家乡的旅人，比如不少在外地工作的北海人，离家的行囊中常常带着几包咸鱼，或者让亲友经常邮寄一些，以满足莼鲈之思。

许多人觉得咸鱼除了咸，别无滋味。但在一些厨艺高超的人手下，咸鱼通过姜丝、白酒、葱蒜和恰到好处的火候，就能像那句俗话一样实现"翻生"，奇香诱人，重新焕发还是海鲜时的魅力。

以海鱼为原料腌渍的咸鱼，腌制工艺五花八门，一般可分为湿咸鱼、实肉咸鱼干、梅香咸鱼干。

湿咸鱼在过去数量最多。渔船出海多日，由于没有制冷设备，捕到鱼后稍为分拣后便不加处理，连同成包的粗盐一起倒进船舱里，经渗出的鱼汁浸泡数日后成湿咸鱼，上岸后即将咸鱼出舱售卖，没有经过晒干。这些湿咸鱼是几代人的记忆，海边人"从细食到大"，它们被大量销往内地，全国各地有专门的咸鱼街、咸鱼铺、咸鱼摊。随着保鲜技术和深加工技术的普及，这种湿咸鱼在市场上已近乎绝迹。

实肉咸鱼干通常用新鲜鱼［常见的有马鲛鱼、红鳍笛鲷（红鱼）、金线鱼、带鱼、黄鱼、金枪鱼、鲙鱼等］加足盐腌上少则一天，多则半个月后晒干。腌出的咸鱼风味不减鲜时。比如北海的腌红鱼，个大肉厚，色味形俱全，且由于是淡盐腌制，能够较好地保持原来的鲜味，成为逢年过节馈赠亲朋好友的佳品。

梅香咸鱼干，指的是制作过程中通过鱼肉的发酵，使其具备独特香味。一般把海鱼处理干净后，放置两三个小时晾干，埋入粗盐中腌制数日，再取出稍为浸泡后清洗干净，挂起晒干即成。油脂较多的马鲛鱼、鲙鱼是代表性的梅香咸鱼干品种。

现在最为风行的，是一种淡晒咸鱼干，它一般由渔民家里或餐厅自制。选择薄身的新鲜海鱼，如龙脷、黄花鱼、白花鱼、黄鲷、黑鲷、小沙钻鱼等，抹上少量的盐，短时间腌制后置于阳光下暴晒，使其快速蒸发水分即成。这种淡晒咸鱼干味道新鲜，有一种独特的清香，其极品被戏称为"一夜情"，意为只腌了一夜。它是两广地区就餐主食之一白粥的标配，极受欢迎。缺点是由于盐分少及腌制的时间短，不宜长期保存。

调味品

在海鲜美食中，有一类不能不说，那就是用海鲜制成的调味品。不同地方的调味品，因为所谓的"怪味"，普遍不怎么大众化，只有那些勇于尝试的人，才能领略其奇异风味。

众所周知，蚝油就是用大蚝作为原料，经过现代化的工艺加工而成。北部湾有一种与蚝油相仿的调味品：鱼露。它的使用不像蚝油那么普遍，但味道更为独特。鱼露是一种"化腐朽为神奇"的调味品，它的原料"出身低贱"，为普通的杂鱼或水产品加工的下脚料。它们含有丰富的蛋白酶及其他酶，在腌渍过程中，多种微生物参与，对原料中的蛋白质、脂肪等进行发酵分解，生成味道极为鲜美的汁液。鱼露在东南亚国家很流行，一些欧洲国家也有鱼露的身影。优质的鱼露呈琥珀色，十分清亮，与优质酱油很相似，它能显著地增加食物的鲜味。

北部湾沿海还有一种土鱼露即沙蟹汁，它的原料是沙滩上那种指头大小的沙蟹。沙蟹在沙滩上打洞，被惊扰时会快速钻进洞里。成群结队的沙蟹在沙滩上还来不及逃走时，就像一片蓝色漫过海滩。渔民用扫把以迅雷不及掩耳之势，将沙蟹扫到一块，收集后反复清洗干净，加入盐、姜片、蒜、少量酒一起捣成碎末，装进密封的容器里，腌上一周左右，沙蟹汁就制成了。经过发酵的沙蟹汁蟹鲜味十足，汁水色泽如琥珀般澄清，吃起来口感舒畅且鲜味醇厚，这便是地道的沙蟹汁。这种沙蟹汁

沙蟹

由于没有经过过滤，可能还带着沙蟹的碎末，虽显得土里土气，但味道却又咸又香，是吃白切鸡的"最佳伴侣"。沙蟹汁作为蘸料，不仅可以与荤菜相配，还可以用来蘸食西瓜、杨桃等水果，各有其中风味。北海沙蟹汁制作技艺被列入了广西壮族自治区级非物质文化遗产代表性项目名录。

沙蟹汁的制作

富饶之海

　　广西北部湾是我国西南便捷的出海港湾，是我国自然生态最好、最洁净的海域之一。

　　北部湾海岸带的红树林、珊瑚礁、海草床等典型海洋生态系统不仅能涵养水源、净化环境、调节气候、护岸减灾，还能维持生物多样性，给沿海居民提供了丰富的优质蛋白质。同时，还给广西带来了优质的港口和丰富的矿产、油气、风力等资源。

　　2017 年 4 月，习近平总书记在北海铁山港考察时，指出"要建设好北部湾港口，打造好向海经济"。这里曾因海上丝绸之路而辉煌一时，如今借着这片富饶的海，北部湾向海图强之路大有可为！

微信 / 抖音扫码

天然良港

从我国地图上来看，广西的海岸线一眼看去并不长，从东往西跨度大约180千米，但是广西实际的大陆海岸线长约1629千米，在全国14个沿海省（自治区、市）中能排到第七位。这是因为广西的海岸带曲曲折折并且分布着众多海湾。

广西沿海分布有铁山湾、廉州湾、珍珠湾、钦州湾、防城湾、英罗湾等10多个港湾，有南流江、大风江、钦江、茅岭江、防城江、北仑河等120余条入海河流。这些先天条件使广西沿海地区素有"天然优良港群"之称。

北海沿岸港湾主要有英罗湾、铁山湾和廉州湾，属强潮型海湾，但是因为有雷州半岛和海南岛作为掩护，外海波浪较小。

钦州沿岸的钦州湾，素以风平浪静而著称，沿岸可利用的土地面积宽阔，建港条件较好。孙中山先生考察广西以后在《建国方略》中说："此城（钦州）在广州即南方大港之西四百英里。凡在钦州以西之地，将择此港以出于海，则比经广州可减四百英里。通常皆知海运比之铁路运价廉二十倍，然则节省四百英里者，在四川、贵州、云南及广西之一部言之，其经济上受益为不小矣。"

21世纪海上丝绸之路门户港——钦州保税港（李斌喜　摄）

21世纪海上丝绸之路
始发港之一——钦州港
（刘世旭　摄）

防城港市，是一个依港而建的城市。防城港市的海岸从钦州湾的西侧到北仑河口，有企沙湾、防城湾、珍珠湾等海湾。各海湾的岬角水深条件好，湾口有深槽，湾内水域宽阔，外海波浪影响小，为港口建设提供了较好的条件。

广西沿岸有天然港湾 53 个，目前沿岸拥有大小港口 21 个。其中，防城港、钦州港、北海港三个深水港区组成的北部湾港，已经成为我国沿海 24 个主要港口之一，是"一带一路"海陆衔接的重要门户港，是我国内陆腹地进入东盟国家最便捷的出海通道。

广西沿海港口具有较强的地理优势，距港澳地区和东南亚的港口都比较近，北海港距香港港 425 海里，钦州港距新加坡港 1338 海里，防城港距越南海防港 151海里、距泰国曼谷港 1439 海里。2022 年，全国港口货物吞吐量排名中，北部湾港跻身第十名；全国港口集装箱吞吐量排名中，北部湾港位列第九，并且同比增长率在前十名港口中排名第一。

目前，北部湾港作为综合性港口，业务板块涵盖港口、物流、工贸、地产和投资五大方面，五大板块相互支撑，形成完整的产业链。港口方面：广西北部湾港是我国西南出海大通道的主门户，港区分布科学合理，服务功能齐全。物流方面：构建腹地货源物流网络，布局多式联运物流网络，优化物流节点，为客户提供全程供应链解决方案。工贸方面：依托物流和产业优势，引进并参与临港工业项目，打造专业贸易体系，实现"港—工—贸"联动。地产方面：围绕现有土地开发，为港区老码头商业化改造和集团园区土地开发运营提供支撑。

投资方面：稳步推进海外投资，特别是对东盟国家的投资。

　　作为我国西南对外开放的重要窗口，北部湾港实现东盟主要港口全覆盖。随着《区域全面经济伙伴关系协定》（RCEP）的深入实施、西部陆海新通道的高质量共建，北部湾港已成为我国西部地区与东盟各国开展跨境物流、贸易的重要平台，为区域产业链、供应链稳定发挥积极作用。

防城港区码头（符燕　摄）

钦州港区集装箱吊运（李斌喜 摄）

北海铁山港码头（李斌喜　摄）

平陆运河

广西有着丰富的水资源。在历史上，合浦之所以能成为汉代以前海上丝绸之路的始发港，首先和一条黄金水道息息相关，那就是西江水道。西江是珠江的主干，其水量丰沛，河道宽广，航运发达，自古以来就是珠江三角洲通往广西、云贵的大动脉。如今，西江航运干线西起南宁、东至广州，全长854千米。西江航运量在我国境内仅次于长江，居全国第二位。西江并没有直接流入北部湾，而是流向了广东珠三角。这样一来，就形成了"广西货广东出"的尴尬局面。

南宁到钦州港，直线距离不到100千米。但南宁的大宗货物若选择从北部湾出海，需经过河铁联运或陆路交通出海，成本较高，并非最优选择。因此，南宁的货轮只能顺着西江而下到广州出海，广西的出海口几乎成了摆设。

千百年来，广西南宁入海的瓶颈就在于沙坪镇和旧州镇之间的一段陆路，这里是平塘江和旧州江的分水岭，舟行至此，必须弃舟陆行。若在此段开凿运河，连通钦江和郁江，则可由南宁经钦州直接进入北部湾。早在百年前，孙中山先生就提出了修建一条运河连接西江和北部湾的构想。孙中山先生在《建国方略》中说："虽其

（钦州）北亦有南宁以为内河商埠，比之钦州更近腹地，然不能有海港之用。所以直接输出入贸易，仍以钦州为最省俭之积载地也。"他还前瞻性地提出了在钦州港开挖一"深水道"的设想：改良钦州为海港，须先整治龙门江，以得一深水道直达钦州城。其河口当浚深之，且范之以堤，令此港得一良好通路。

到了 2019 年，经过多年的调研，国家发展和改革委员会重磅发布《西部陆海新通道总体规划》，这条运河开始进入布局规划。根据规划，国家将投入 680 亿元，利用平塘江、旧州江两条天然河流，修建一条人工运河。这条人工运河起自南宁市下游 151 千米处的横州市西津水电站库区平塘江口，沿平塘江南下至沙坪镇，再凿穿分水岭至旧州镇而接旧州江，经钦州灵山县陆屋镇沿钦江进入北部湾。这条运河因其两端分别为平塘江口和陆

平陆运河地理位置示意图

屋镇，取名为"平陆运河"。平陆运河是国家自京杭运河后多年来修建的第一条运河，也是中华人民共和国成立以来建设的第一条江海连通大运河。

平陆运河全长约 134 千米，其中分水岭越岭段开挖约 6.5 千米，其余利用现有河道建设，建设内容包括航道工程、航运枢纽工程、沿线跨河设施工程以及配套工

程，航道等级为内河Ⅰ级，可通航 5000 吨级船舶。项目开发任务以发展航运为主，结合供水、灌溉、防洪、改善水生态环境等，建设工期约 54 个月。运河建成后，广西将新增一个出海通道，较经广州出海缩短内河航程 560 千米以上，将形成大能力、高效率、低成本、广覆盖的江海联运大通道。

建设中的平陆运河马道枢纽夜景（李桐　摄）

建设中的平陆运河马道枢纽（李桐 摄）

　　"一江春水向东流"是广西传统的航运经济版图，而平陆运河建成后，西部陆海新通道即将形成，将直接开辟广西内陆及我国西南、西北地区运距最短、最经济、最便捷的出海通道，可有效解决西江航运畅行问题，大幅提升西部陆海新通道运输能力。将带动西部陆海新通道沿线资源优势加速转化为经济发展优势，优化区域发

展战略布局，推动区域经济平衡协调发展，促进新时代西部大开发形成新格局。

广西将要海有海、要港有港，南流的江水将打破原来的格局，也将形成新的经济版图，形成西部地区新的发展高地。

建设中的平陆运河企石枢纽（李桐 摄）

建设中的平陆运河青年枢纽（李桐　摄）

油气矿产

　　广西海岸带广泛发育有富含钛铁矿、锆石和电气石等金属矿物的下古生界变种岩系、华力西期和燕山期的酸性和中酸性侵入岩及第四纪松散沉积物。自中更新世以来，广西海岸带属于构造上升状态，导致富含金属矿物的岩系普遍遭受强烈风化剥蚀，岩石风化产物被河流携带入海，为滨海砂矿的形成提供了丰富的物源。北部湾海洋硬质资源丰富，目前已探明海底沉积物中的砂矿种类多达 28 种，以石英砂矿、石膏矿、钛铁矿、石灰矿、陶土矿为主。其中，石英砂矿量丰、质优、品位高，远景储量 10 亿吨以上。

　　北海市是我国陆域石英砂矿资源集中区之一，矿体具有埋藏浅、厚度大、品质好、分布广的特点。截至 2022 年底，北海市共计探明石英砂矿资源总量 24 亿吨。北海市合浦县石英砂为沉积型砂矿，具有易开采、选矿流程短的优点，是我国重要的石英砂产地之一。据合浦县政府部门提供的数据，该县石英砂矿区总储量超 18.8 亿吨，主要分布在常乐、沙岗、石湾三镇，形成了储量规模为大型的三大矿区。合浦石英砂不仅储量大，而且品质好，石湾镇、沙岗镇砾石的精矿产品二氧化硅含量超过 99.9%，其他矿区精矿产品也大部分满足二氧化硅含量超过 99.5% 的标准。

因此,《广西壮族自治区矿产资源总体规划(2021—2025 年)》中涉海沉积物的部分主要围绕石英砂资源开发,提出要加强石英砂资源保护,坚持科学有序开发,把北海市建设成为全国重要高端玻璃产业基地。

海洋油气是埋藏于海底沉积岩及基岩中的化石能源,多栖身在海洋中的"大陆坡"和"大陆架"底下。几千万年甚至上亿年以前,气候比现在温暖湿润,海湾地区的海水中氧气和阳光充足,江河带入大量营养物质和有机质,为生物的生长、繁殖提供了丰富的粮食,许多海洋生物得以迅速大量繁殖。当海洋中各种生物死去,它们的遗体形成大量有机碳,同时,陆地上的河流将泥沙和有机质冲刷进海洋,年复一年地把大量生物遗体一层层掩埋。经过漫长时期的地质演化,被埋藏的生物遗体与空气隔绝,处于缺氧环境,受到温度升高和细菌的作用,开始慢慢分解;再经过漫长的地质时期,这些生物遗体逐渐变成了天然气和石油。

石油被誉为工业的血液,是世界各国都不可或缺的发展能源,我国每年都会消耗超过 7 亿吨的石油,其中超过 5 亿吨需要进口。南海的海底拥有极其庞大的油气资源,在南海海域靠近大陆的地方就有两大石油地区,分别是北部湾盆地和珠江口盆地。

北部湾蕴藏着丰富的石油和天然气资源,是我国沿海六大含油盆地之一,北部湾油气盆地面积 4 万平方千米。北部湾已探明的石油储量达 21 亿吨,天然气储量达 5900 亿立方米。目前,北部湾油田正在进行油气资源开采工作。

后记

本书由我和梁思奇先生合作完成。

其中，综述及第一、二、四部分由我负责，撰写过程中得到了众多专业人士的指点，在此一并致以诚挚的感谢。广西海洋研究院（广西红树林研究中心）副院长邱广龙研究员细心修改了海草部分；地质专家黎广钊教授帮忙核实了海洋地质方面的数据，还拿出了待发表的手稿供我借鉴；潘良浩博士和苏治南博士帮忙审核红树林部分的内容并加以指正；周浩郎研究员和林明晴帮助修改了珊瑚部分。厦门大学陈鹭真教授特地交代在海南野外调查的学生帮忙拍海南红树植物的照片。广西科学院陈默博士对鲸豚部分提出了宝贵意见。

梁思奇先生是中国作家协会会员，著有多部散文作品。他常年生活在北海，对海之风味有颇多研究。由他负责撰写的第三部分，文字流畅，趣味性强，还兼具科学性。

本书在撰写过程中参考了大量书籍、科研论文和网络资料，但由于篇幅有限，未能将所有的参考资料信息完整呈现，在此表示歉意和感谢。书中若有不当之处，恳请读者批评指正！

廖馨

2023 年 6 月